西安交通大学 本科"十二五"规划教材
"985"工程三期重点建设实验系列教材

微型计算机原理与接口技术
实验指导

陈文革 主编

U0226577

西安交通大学出版社
XI'AN JIAOTONG UNIVERSITY PRESS

内容提要

  本书是"微机原理与接口技术"课程的实验指导书,内容由 8086 汇编语言程序设计实验、8086 硬件接口电路实验和 8086 硬件仿真实验三大部分组成。其中,8086 硬件接口电路实验基于西安唐都科教仪器公司的 TD-PITC 实验系统开发,8086 硬件仿真实验基于 Proteus 软件平台开发。如果读者没有 TD-PITC 实验系统,也可以全部采用硬件仿真实验来替代基于 TD-PITC 实验系统上的实验。

  本书的实验可帮助学生深入理解计算机的工作原理、接口技术和应用技术,有助于拓展学生的思维能力和创新能力。

  本书可作为普通高等学校计算机硬件类课程的实验指导书,也可用于工程技术人员的参考用书。

图书在版编目(CIP)数据

微型计算机原理与接口技术实验指导/陈文革主编.
—西安:西安交通大学出版社,2013.8
ISBN 978-7-5605-5497-6

Ⅰ. 微…　Ⅱ. ①陈…　Ⅲ. ①微型计算机-理论-高等学校-教材
②微型计算机-接口技术-高等学校-教材　Ⅳ. TP36-33

中国版本图书馆 CIP 数据核字(2013)第 184373 号

策　　　划	程光旭　成永红　徐忠锋
书　　　名	微型计算机原理与接口技术实验指导
主　　　编	陈文革
责 任 编 辑	雷萧屹
出版发行	西安交通大学出版社
	(西安市兴庆南路 10 号　邮政编码 710049)
网　　　址	http://www.xjtupress.com
电　　　话	(029)82668357　82667874(发行中心)
	(029)82668315　82669096(总编办)
传　　　真	(029)82668280
印　　　刷	西安明瑞印务有限公司
开　　　本	727mm×960mm　1/16　印张 10.5　字数 182 千字
版次印次	2013 年 8 月第 1 版　2013 年 8 月第 1 次印刷
书　　　号	ISBN 978-7-5605-5497-6/TP·588
定　　　价	19.00 元

读者购书、书店添货、如发现印装质量问题,请与本社发行中心联系、调换。
订购热线:(029)82665248　(029)82665249
投稿热线:(029)82664954
读者信箱:jdlgy@yahoo.cn

编审委员会

Proface 序

教育部《关于全面提高高等教育质量的若干意见》(教高〔2012〕4号)第八条"强化实践育人环节"指出,要制定加强高校实践育人工作的办法。《意见》要求高校分类制订实践教学标准;增加实践教学比重,确保各类专业实践教学必要的学分(学时);组织编写一批优秀实验教材;重点建设一批国家级实验教学示范中心、国家大学生校外实践教育基地⋯⋯。这一被我们习惯称之为"质量30条"的文件,"实践育人"被专门列了一条,意义深远。

目前,我国正处在努力建设人才资源强国的关键时期,高等学校更需具备战略性眼光,从造就强国之才的长远观点出发,重新审视实验教学的定位。事实上,经精心设计的实验教学更适合承担起培养多学科综合素质人才的重任,为培养复合型创新人才服务。

早在1995年,西安交通大学就率先提出创建基础教学实验中心的构想,通过实验中心的建立和完善,将基本知识、基本技能、实验能力训练融为一炉,实现教师资源、设备资源和管理人员一体化管理,突破以课程或专业设置实验室的传统管理模式,向根据学科群组建基础实验和跨学科专业基础实验大平台的模式转变。以此为起点,学校以高素质创新人才培养为核心,相继建成8个国家级、6个省级实验教学示范中心和16个校级实验教学中心,形成了重点学科有布局的国家、省、校三级实验教学中心体系。2012年7月,学校从"985工程"三期重点建设经费中专门划拨经费资助立项系列实验教材,并纳入到"西安交通大学本科'十二五'规划教材"系列,反映了学校对实验教学的重视。从教材的立项到建设,教师们热情相当高,经过近一年的努力,这批教材已见端倪。

我很高兴地看到这次立项教材有几个优点:一是覆盖面较宽,能确实解决实验教学中的一些问题,系列实验教材涉及全校12个学院和一批重要的课程;二是质量有保证,90％的教材都是在多年使用的讲义的基础上编写而成的,教材的作者大多是具有丰富教学经验的一线教师,新教材贴近教学实际;三是按西安交大《2010版本科培养方案》编写,紧密结合学校当前教学方案,符合西安交大人才培养规格和学科特色。

　　最后,我要向这些作者表示感谢,对他们的奉献表示敬意,并期望这些书能受到学生欢迎,同时希望作者不断改版,形成精品,为中国的高等教育做出贡献。

西安交通大学教授

国家级教学名师

2013 年 6 月 1 日

Foreword 前言

　　本书是与“微机原理与接口技术”等计算机硬件类课程配套使用的实验指导书。本书以 Intel 8086 微处理器为主要实验对象，涉及汇编语言程序设计、硬件接口电路设计以及软硬件结合的设计与开发。全书包括三个部分：8086 汇编语言程序设计实验（6 个），使学生由浅入深地掌握 8086 指令系统和基本的汇编语言程序设计方法；8086 硬件接口电路实验(5 个)，使学生掌握硬件接口电路的设计以及常用接口芯片的应用和编程；8086 硬件仿真实验(8 个)，使学生掌握在 Proteus 仿真平台上进行 8086 应用系统设计和软件仿真的方法。本书的所有实验均经过了实际软硬件设计和运行的验证。

　　通过完成本书中的实验，能够使学生深入理解计算机的工作原理，掌握接口软硬件的设计方法。在这些实验的基础上，特别是在 Proteus 仿真实验的基础上，学生可以举一反三，通过修改已有设计或根据实验原理来开发实现新的应用。

　　本书的实验资源可以从西安交通大学微机原理与接口技术精品课程网站下载：http://mcit.xjtu.edu.cn。

　　本书由陈文革、夏秦、吴宁负责编写。在编写中参考了西安唐都科教仪器公司提供的实验教程、随机资料和广州风标电子技术有限公司的有关 Proteus 仿真的资料，在此向这些公司表示感谢。在本书选题、撰稿到出版的全过程中，西安交通大学教务处给予了大力支持，并提供了项目资助，在此也一并表示由衷的感谢！

　　书中的实验虽然已经过实际验证，但仍有可能会出现考虑不周或不正确之处，对于书中的错误或需要改进的地方，恳请读者批评指正。联系方式：wgchen@ctec.xjtu.edu.cn。

编　者

2013.3

Contents 目录

第1章 汇编语言程序设计实验篇 ···················· (001)

1.1 汇编语言程序设计实验环境及上机步骤 ·············· (001)

1.1.1 实验环境 ································· (001)

1.1.2 汇编语言系统软件简介 ···················· (001)

1.1.3 汇编语言上机步骤 ······················ (002)

1.2 汇编语言程序设计实验 ······················ (009)

1.2.1 实验1:数据传送 ························ (009)

1.2.2 实验2:算术逻辑运算和移位操作 ············· (013)

1.2.3 实验3:串操作 ························· (017)

1.2.4 实验4:字符及字符串的输入输出 ············· (019)

1.2.5 实验5:直线和分支程序设计 ················ (023)

1.2.6 实验6:循环程序设计 ···················· (028)

第2章 硬件接口实验篇 ·························· (035)

2.1 硬件接口实验环境及上机步骤 ·················· (035)

2.1.1 实验环境 ····························· (035)

2.1.2 TD-PITC实验箱简介 ···················· (035)

2.1.3 Tdpit集成操作软件简介 ·················· (037)

2.1.4 硬件实验注意事项 ······················ (041)

2.2 硬件接口实验 ···························· (041)

2.2.1 实验7:8254可编程定时计数器实验 ··········· (041)

2.2.2 实验8:电子发声实验 ···················· (048)

2.2.3 实验9:8255可编程并行接口实验 ············· (054)

2.2.4 实验10:步进电机控制实验 ················ (059)

2.2.5 实验11:模/数转换实验 ·················· (065)

第 3 章　硬件仿真实验篇 ·· (069)

　3.1　仿真实验平台简介 ·· (069)

　　3.1.1　仿真操作界面 ·· (069)

　　3.1.2　绘制电路原理图 ·· (074)

　　3.1.3　仿真运行 ·· (083)

　　3.1.4　操作练习 ·· (089)

　3.2　硬件接口仿真实验 ·· (089)

　　3.2.1　实验 12:8086 最小系统构建和 I/O 地址译码实验 ·············· (089)

　　3.2.2　实验 13:16 位存储器扩充实验 ································ (097)

　　3.2.3　实验 14:基于 8253 的方波发生器实验 ······················ (101)

　　3.2.4　实验 15:基于 8255 的小键盘接口实验 ······················ (106)

　　3.2.5　实验 16:基于 ADC0808 的数字电压表实验 ·················· (111)

　　3.2.6　实验 17:基于 DAC0832 的波形发生器实验 ·················· (117)

　　3.2.7　实验 18:直流电机控制实验 ································ (123)

　　3.2.8　实验 19:数字温度计实验 ·································· (129)

附录:TD. EXE 简要使用说明 ·· (141)

参考文献 ·· (158)

第 1 章　汇编语言程序设计实验篇

1.1　汇编语言程序设计实验环境及上机步骤

1.1.1　实验环境

1. 硬件环境

微型计算机(Intel X86 系列 CPU)一台。

2. 软件环境

(1) 32 位 Windows 操作系统;

(2) 任意一种文本编辑器(EDIT、NOTEPAD(记事本)、UltraEDIT 等);

(3) 汇编程序(MASM. EXE 或 TASM. EXE);

(4) 连接程序(LINK. EXE 或 TLINK. EXE);

(5) 调试程序(DEBUG. EXE 或 TD. EXE)。

本书建议文本编辑器使用 EDIT 或 NOTEPAD,汇编程序使用 MASM. EXE,连接程序使用 LINK. EXE,调试程序使用 TD. EXE。

1.1.2　汇编语言系统软件简介

1. 汇编语言编译器(MASM. EXE)

汇编语言编译器的作用是将汇编语言源程序(.asm 文件)编译为目标代码程序(.obj 文件)。具有这个功能的文件有 MASM. EXE、ML. EXE、CV. EXE 等。微软公司提供了两种版本的汇编器,一种是全功能版本 MASM. EXE;一种是小型版本 ASM. EXE。ASM 的功能是 MASM 功能的一个子集,它不支持宏汇编、条件汇编等。本书使用的是较为普遍的 MASM。

2. 连接器(LINK. EXE)

连接器的作用是连接目标代码程序和库函数代码生成可执行程序文件(.EXE 文件)。

LINK. EXE 能够将多个目标文件连接为一个可执行文件,但只能处理 1MB 地址及以下运行的程序。

3. 可执行程序动态调试器(TD. EXE)

可执行程序动态调试器的作用是对可执行程序进行装载情况的静态了解和动态执行调试,常见的调试器有 TD. EXE 和 DEBUG. COM 等,本书中的实验使用的是 TD. EXE。

上述三个软件需要在微型计算机上的 DOS 环境下运行(注意:64 位操作系统不支持)。32 位 Windows 操作系统上的"命令提示符"窗口(又称 DOS 窗口)提供了模拟 DOS 环境。

1.1.3 汇编语言上机步骤

汇编语言程序设计的实验 1 到实验 3 仅使用调试工具软件 TD. EXE,关于 TD. EXE 的使用方法请参见附录。下面介绍的上机实验步骤适用于实验 4 到实验 6。

1. 确定源程序的存放目录

建议源程序存放的目录名为 MASM,并放在 C 盘或 D 盘的根目录下。如果没有创建过此目录,请用如下方法创建:

(1)通过 Windows 的资源管理器找到 C 盘的根目录,在 C 盘的根目录窗口中点击右键,在弹出的菜单中选择"新建"→"文件夹",并把新建的文件夹命名为 MASM。

(2)把 MASM. EXE、LINK. EXE、DENUG. EXE 和 TD. EXE 都拷贝到此目录中。

2. 建立 ASM 源程序

建立 ASM 源程序可以使用 EDIT 或 NOTEPAD(记事本)文本编辑器。

(1)NOTEPAD

记事本是 Windows 系统提供的一个用于编写文本文件的程序。文本文件是一种典型的顺序文件,该文件的内容纯粹是由 ASCII 码字符或中文字符组成。文本文件中除了存储文件有效字符信息(包括能用 ASCII 码字符表示的回车、换行等信息)外,不能存储其他任何类型的信息,如声音、动画、图像和视频等。各种计算机语言源程序都是文本信息,都适于用记事本来编辑。由于记事本具有 Windows 操作风格,因此有计算机操作基础的人很容易掌握。而且它支持中文,在程序中插入中文注释就很方便。

图 1-1 显示了记事本的操作界面。从上至下依次为标题栏、菜单栏、文本编辑窗口和状态栏(如果看不见状态栏,可以在菜单的"查看"中将它打开)。菜单栏中的"文件"、"编辑"功能操作同 Word 文档操作。状态栏右侧显示了当前光标所在的位置(用行号 Ln,列号 Col 来表示),很方便程序的阅读和查错。

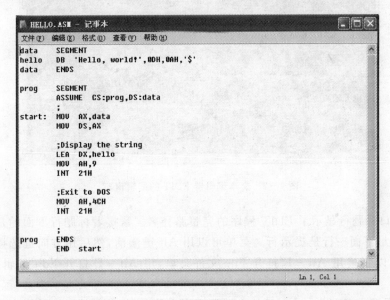

```
data      SEGMENT
hello     DB    'Hello, world!',0DH,0AH,'$'
data      ENDS

prog      SEGMENT
          ASSUME  CS:prog,DS:data
          ;
start:    MOV   AX,data
          MOV   DS,AX

          ;Display the string
          LEA   DX,hello
          MOV   AH,9
          INT   21H

          ;Exit to DOS
          MOV   AH,4CH
          INT   21H

          ;
prog      ENDS
          END   start
```

图 1-1　用记事本编辑汇编语言源程序

执行"开始"→"程序"→"附件"→"记事本"命令,可以打开"记事本"窗口。

在编辑窗口中可以直接输入程序。注意,每输入一个程序行,就要按回车键。一个程序行可分成标号列、指令助记符列、操作数列和注释列四部分,最好每一列左对齐,这样格式清楚,便于阅读。汇编语言程序的语法对大小写要求不严格,可以大小写混用,但为了便于交流,建议保留字用大写,其他内容用小写。

注意:汇编语言中的所有语言元素都必须使用英文字符。

保存文件时,可以执行"文件"→"保存"命令,打开"另存为"对话框。在"保存在"下拉列表框中选择文件夹,例如 C:\MASM\,在"保存类型"下拉列表框中选择"所有文件"(系统默认按.txt 类型保存),在"文件名"下拉列表框中输入以.asm 为后缀的文件名,最后单击"确定"按钮。

(2)EDIT

下面的例子说明了用 EDIT 文本编辑器来建立 ASM 源程序的步骤(假定要建立的源程序名为 HELLO.ASM)。

在 Windows 中点击桌面左下角的"开始"按钮→选择"运行"→在弹出的窗口

中输入"EDIT C:\MASM\HELLO. ASM",屏幕上出现 EDIT 的编辑窗口,如图
1-2所示。

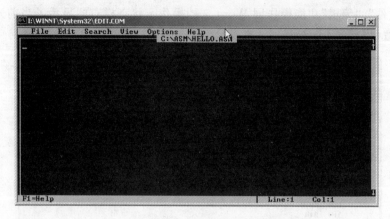

图 1-2 文本编辑器 EDIT 的编辑窗口

窗口标题行显示了 EDIT 程序的完整路径名。紧接着标题行下面的是菜单
行,窗口最下面一行是提示行。菜单可以用 Alt 键激活,然后用方向键选择菜单
项,也可以直接用 Alt-F 打开 File 文件菜单,用 Alt-E 打开 Edit 编辑菜单,
等等。

如果键入 EDIT 命令时已给出了源程序文件名(如前所述),在编辑窗口上部
就会显示该文件名。如果在键入 EDIT 命令时未给出源程序文件名,则编辑窗口
上会显示"UNTITLED1",表示文件还没有名字,在这种情况下保存源程序文件
时,EDIT 会提示让你输入要保存的源程序的文件名。

编辑窗口用于输入源程序。EDIT 是一个全屏幕编辑程序,故可以使用方向
键把光标定位到编辑窗口的任何一个地方。EDIT 中的编辑键和功能键符合
Windows 的标准,这里不再赘述。

源程序输入完毕后,用 Alt-F 打开 File 菜单,用其中的 Save 功能将文件存
盘。如果在键入 EDIT 命令时未给出源程序文件名,则这时会弹出一个"Save as"
窗口,在这个窗口中输入你想要保存的源程序的路径和文件名(本例中为 C:\
MASM\HELLO. ASM)。

注意:汇编语言源程序文件的扩展名最好起名为. ASM,这样能给后面的汇编
和连接操作带来很大的方便。

3. 进入"命令提示符"窗口

在 Windows 平台上,有三种方式可以进入"命令提示符"窗口。

第一种方式:执行"开始"→"程序"→"附件"→"命令提示符"命令打开"命令提

示符"窗口。

第二种方式：执行"开始"→"运行"命令打开"运行"对话框（见图1-3）。在对话框中输入 cmd，单击"确定"按钮，即进入"命令提示符"窗口。

图 1-3 用 cmd 命令进入"命令提示符"窗口

第三种方式：直接双击可执行程序（exe 或 com 程序），此时系统进入"命令提示符"窗口并执行相关程序。

提示：建议用第 2 种方式，因为第一次输入 cmd 后，下次再打开"运行"对话框时上次输入的 cmd 命令还会保留，这样只需单击"确定"按钮就可以了，比第 1 种方式简便。

4. 用 MASM.EXE 对源文件进行汇编，产生 OBJ 目标文件

源文件 HELLO. ASM 建立后，要使用汇编程序对源程序文件进行汇编，汇编后产生二进制的目标文件（. OBJ 文件）、列表文件（. LST）和交叉索引文件（. CRF）。具体操作如下。

方法一：在 Windows 中操作

用资源管理器打开源程序目录 C:\MASM，把 HELLO. ASM 拖到 MASM. EXE 程序图标上。

方法二：在 DOS 命令提示符窗口中操作

选择"开始"→"程序"→"附件"→"命令提示符"，打开 DOS 命令提示符窗口，然后用 CD 命令转到源程序目录下，接着输入 MASM 命令：

I:>C:<回车>

C:>CD \MASM<回车>

C:\MASM>MASM HELLO. ASM<回车>

操作时的屏幕显示如图 1-4 所示。

不管用以上两个方法中的哪一个，进入 MASM 程序后，都会显示如下三个提问。

Object filename[xxx. OBJ]：要求输入所生成的目标文件名，方括号内是 MASM 给出的默认文件名，它与用户的源文件同名，只是扩展名为. OBJ。若不想

改变文件名,可以直接按 Enter 键。

Source listing[NUL. LST]:要求输入 . LST 列表文件名,方括号中的 NUL. LST 表示不建立列表文件。若要建立列表文件,则需输入一个文件名。列表文件提供了包括地址、机器码和与机器码对应的源语句的源程序清单。由于程序未进行连接,因此地址从 0000 开始。

Cross-reference[NUL. CRF]:要求输入 . CRF 交叉索引文件名,括号中的 NUL. CRF 表示不建立交叉索引文件。若要建立交叉索引文件,则需输入其文件名。

后两个提问均为可选项,可以直接按回车键,表示不建立相关文件。

注意,若执行 MASM 程序时未给出源程序名,则 MASM 程序会首先提示让你输入源程序文件名(Source filename),此时输入源程序文件名并回车,后面进行的操作与上面完全相同。

提示:在命令行中直接输入"MASM 文件名;"可直接跳过三次提问。

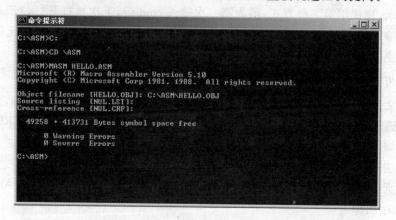

图 1-4 在 DOS 命令提示符窗口中进行汇编

如果没有错误,MASM 就会在当前目录下建立一个 HELLO. OBJ 文件(名字与源文件名相同,只是扩展名不同)。如果源文件有错误,MASM 会指出错误的行号和错误的原因。图 1-5 是在汇编过程中检查出两个错误的例子。

在这个例子中,可以看到源程序的错误类型有两类。

一类是警告错误(Warning Errors)。警告错误不影响目标文件的产生,但可能影响 LINK 连接和程序的执行。此例中无警告错误。

另一类是严重错误(Severe Errors)。对于严重错误,MASM 将不会生成 OBJ 文件。此例中有两个严重错误。

在错误信息中,圆括号里的数字为有错误的行号(在此例中,两个错误分别出

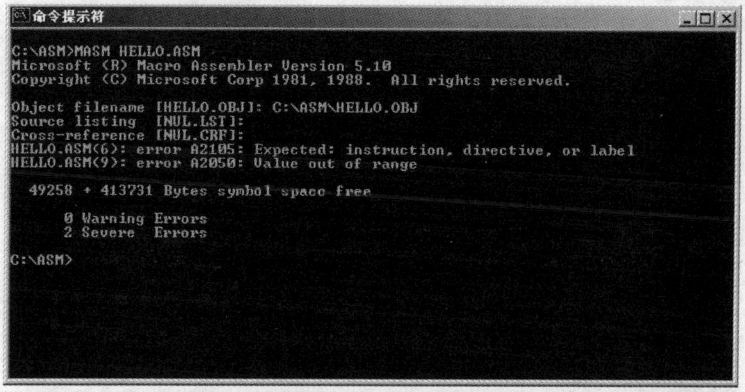

图 1-5 有错误的源程序编译时的输出

现在第 6 行和第 9 行),后面给出了错误类型及具体错误原因。如果出现了严重错误,必须重新进入编辑器,根据错误的行号和错误原因来改正源程序中的错误,直到汇编没有错为止。

注意:汇编程序只能指出程序的语法错误,而无法指出程序中的逻辑错误。

5.用 LINK. EXE 产生 EXE 可执行文件

在上一步骤中,汇编程序产生的是二进制目标文件(OBJ 文件),并不是可执行文件,要想使我们编制的程序能够运行,还必须用连接程序(LINK. EXE)把 OBJ 文件转换为可执行的 EXE 文件。

(1)单个目标模块的连接

所谓单模块连接,是指可执行程序仅由单个源程序文件经过编译后生成的 .OBJ文件连接得到,其连接操作如下。

方法一:在 Windows 中操作

用资源管理器打开源程序目录 C:\MASM,把 HELLO. OBJ 拖到 LINK. EXE 程序图标上。

方法二:在 DOS 命令提示符窗口中操作

选择"开始"→"程序"→"附件"→"命令提示符",打开 DOS 命令提示符窗口,然后用 CD 命令转到源程序目录下,接着输入 LINK 命令:

I:>C:<回车>

C:>CD \MASM<回车>

C:\MASM>LINK HELLO.OBJ<回车>

操作时的屏幕显示如图 1-6 所示。

不管用以上两个方法中的哪一个,进入 LINK 程序后,都会显示如下三个

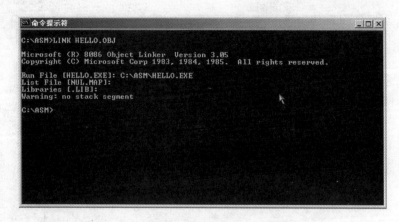

图 1-6　将 OBJ 文件连接生成可执行文件

提问。

Run File[文件名.EXE]：要求输入所生成的可执行文件名,方括号内是 LINK 给出的默认文件名,它与用户给出的目标文件同名,只是扩展名为.EXE。若不想改变文件名,可以直接按回车键。

List File[NUL.MAP]：要求输入映像文件名。映像文件以列表的形式提供了程序各段的起始地址(Start)、实际结束地址(Stop)、各段长度(Length)和段名(Name)以及程序入口地址(Program entry point)。

Libraries[.LIB]：要求输入所要连接的库文件名。

以上后两个提问均为可选项,可以直接按回车键,表示不建立相关文件。

所谓库文件是为了提高效率和调试方便而建立的经常使用的目标文件的集合。宏汇编语言可以把一些经常使用的子程序段单独汇编。这些单独汇编和调试的程序可以作为外部子程序库的一部分,供主程序调用。

注意：若打开 LINK 程序时未给出 OBJ 文件名,则 LINK 程序会首先提示让你输入 OBJ 文件名(Object Modules),此时输入 HELLO.OBJ 并回车,然后进行的操作与上面完全相同。

提示：在命令行中直接输入"LINK HELLO;"可直接跳过三次提问。

如果没有错误,LINK 就会生成一个 HELLO.EXE 文件。如果 OBJ 文件有错误,LINK 会指出错误的原因。对于无堆栈警告(Warning:no stack segment)信息,可以不予理睬,系统会使用默认的堆栈段,并不影响程序的执行。如链接时有其他错误,需检查修改源程序,重新汇编、连接,直到没有错误为止。

(2)多个目标模块的连接

在程序的模块化设计中,往往要求调用不在同一个文件中的多个源程序。

LINK 可以将多个分别编译好的目标程序即目标模块,连接成一个可执行程序。这个可执行程序的名称,用户可以在执行命令时指定,如果不另外指定,则以第一个目标模块的名称为准。

连接多个目标模块时,用"+"或空格将每个目标文件名分开。如果输入的名字一行放不下,就在该行的最后输入"+",然后按回车键,这时连接程序就提示用户追加目标文件。所有目标文件名列完后按回车键。

6.执行程序

建立了 HELLO.EXE 文件后,就可以直接在命令提示符状态下运行此程序,如下所示:

```
C:>HELLO〈回车〉
Hello,world!
C:>
```

程序运行结束后,返回命令提示符状态。如果程序本身不显示结果或程序显示结果但运行却没有显示,我们如何知道程序是否正确呢? 这时,就要使用 TD.EXE 调试工具来查看运行结果。此外,大部分程序必须经过调试阶段才能纠正程序执行中的错误,调试程序时也要使用 TD.EXE 调试工具。关于 TD.EXE 的简要使用说明请读者参阅本书附录。

1.2 汇编语言程序设计实验

1.2.1 实验 1:数据传送

1.实验目的

(1)熟悉 8086 指令系统的数据传送指令及 8086 的寻址方式。

(2)利用 Turbo Debugger(TD.EXE)调试工具来调试汇编语言程序。

2.实验设备

微型计算机、调试工具 TD.EXE

3.实验预习要求

(1)复习 8086 指令系统中的数据传送类指令和 8086 的寻址方式。

(2)预习 Turbo Debugger 的使用方法(见附录),了解:

①如何启动 Turbo Debugger;

②如何在各窗口之间切换;

③如何查看或修改寄存器、状态标志和存储单元的内容；

④如何输入程序段；

⑤如何单步运行程序段和用设置断点的方法运行程序段。

(3)按照题目要求预先编写好实验中的程序段。

4.实验内容

(1)通过下述程序段的输入和执行来熟悉 TD.EXE 的使用，并在显示器上观察程序的执行情况。练习程序段如下：

```
MOV   BL,08H
MOV   CL,BL
MOV   AX,03FFH
MOV   BX,AX
MOV   DS:[6000H],BX
```

操作步骤如下：

①启动 Turbo Debugger(TD.EXE)；

②使 CPU 窗口为当前窗口；

③输入程序段。

1)利用↑、↓方向键移动光条来确定输入位置，然后从光条所在的地址处开始输入，强烈建议把光条移到 CS:0100H 处开始输入程序。

2)在光条处直接键入练习程序段指令，键入时屏幕上会弹出一个输入窗口，这个窗口就是指令的临时编辑窗口。每输入完一条指令，按回车，输入的指令即可出现在光条处，同时光条自动下移一行，以便输入下一条指令。例如：

```
MOV   BL,08H↙      (↙表示回车键)
MOV   CL,BL↙
```

小窍门：窗口中前面曾经输入过的指令均可重复使用，只要用方向键把光标定位到所需的指令处，按回车即可。

④执行程序段。

1)用单步执行的方法执行程序段。首先使 IP 寄存器指向程序段的开始处。有两种方法可以做到这一点。

方法1：把光条移到程序段开始的第一条指令处，按 Alt-F10，弹出 CPU 窗口的快捷菜单，选择"New CS:IP"项，按回车键，这时 CS 和 IP 寄存器（在 CPU 窗口中用 ▶ 符号表示，▶ 符号指向的指令就是当前要执行的指令）就指向了当前光条所在的指令。

方法2：直接修改 IP 寄存器的内容为第一条指令的偏移地址。

设置好 IP 寄存器后,用 F7(Trace into)或 F8(Step over)单步执行程序段。每按一次 F7 或 F8 键,就执行一条指令。按 F7 或 F8 键直到程序段的所有指令都执行完为止,这时光条停在程序段最后一条指令的下一行上。(F7 和 F8 键的区别是:若执行的指令是 CALL 指令,F7 会单步执行进入到子程序中,而 F8 则会把子程序执行完,然后停在 CALL 指令的下一条指令处。)

2)用设置断点的方法执行程序段。把光条移到程序段最后一条指令的下一行,按 F2 键设置断点,再用①中的方法使 IP 寄存器指向程序段的开始处。最后按 F9 键运行程序段,CPU 从 IP 所指向的指令开始执行程序,直到断点位置处停止。

⑤检查各寄存器和存储单元的内容。寄存器窗口显示在 CPU 窗口的右部,寄存器窗口中直接显示了各寄存器的名字及其当前内容。在单步执行时可随时观察寄存器内容的变化。

存储器窗口显示在 CPU 窗口的下部,若要检查存储单元的内容,可连续按 Tab 键使存储器窗口为当前窗口,然后按 Alt－F10 键,弹出快捷菜单。选择 GO-TO 项,然后输入要查看的存储单元的地址,如 DS:20H ↙,存储器窗口就会从该地址处开始显示存储区域的内容。注意:每行显示 8 个字节单元的内容。

(2)用以下程序段将一组数据压入 PUSH 堆栈区,然后通过三种不同的出栈方式出栈,查看出栈后数据的变化情况,并把结果填入表 1－1 中。程序段如下:

```
MOV   AX,0102H
MOV   BX,0304H
MOV   CX,0506H
MOV   DX,0708H
PUSH AX
PUSH BX
PUSH CX
PUSH DX
```

第一种出栈方式的指令序列:

```
POP   DX
POP   CX
POP   BX
POP   AX
```

第二种出栈方式的指令序列(注:替换掉第一种出栈方式的指令序列):

```
POP   AX
POP   BX
POP   CX
```

```
        POP   DX
```
第三种出栈方式的指令序列(注:替换掉第二种出栈方式的指令序列):
```
        POP   CX
        POP   DX
        POP   AX
        POP   BX
```

表 1-1   实验 1 结果表格

	第一种出栈方式	第二种出栈方式	第三种出栈方式
(AX)=			
(BX)=			
(CX)=			
(DX)=			

(3)指出下列指令的错误并加以改正,在 TD 中验证之。

① MOV   [BX],[SI]

② MOV   AH,BX

③ MOV   AX,[SI][DI]

④ MOV   BYTE PTR[BX],2000H

⑤ MOV   CS,AX

⑥ MOV   DS,2000H

(4) 按如下要求在 TD 中设置各寄存器及存储单元的内容:

BX=0010H,SI=0001H

[60010H]=12H,[60011H]=34H,[60012H]=56H,[60013H]=78H

[60120H]=0ABH,[60121H]=0CDH,[60122H]=0EFH

然后指出下列各条指令执行后 AX 中的内容,并在 TD 中验证你的答案:

① MOV   AX,1200H

② MOV   AX,BX

③ MOV   AX,[0120H]

④ MOV   AX,[BX]

⑤ MOV   AX,0110H[BX]

⑥ MOV   AX,[BX][SI]

⑦ MOV   AX,0110H[BX][SI]

(5)将 DS:6000H 字节存储单元中的内容传送到 DS:6020H 单元中。试分别用 8086 的直接寻址、寄存器间接寻址、变址寻址、寄存器相对寻址传送指令编写程序段,并在 TD 中验证。

(6)设 AX 的内容为 1111H,BX 的内容为 2222H,DS:6010H 单元的内容为 3333H。将 AX 的内容与 BX 的内容交换,然后再将 BX 的内容与 DS:6010H 单元的内容进行交换。试编写程序段,并在 TD 中验证。

(7)存储器的内容如图 1-7 所示。要求将 DS:6000H 中的内容(0EEFFH)与 ES:7000H 中的内容(0CCDDH)互相交换,请写出相关指令并在 TD 中验证。

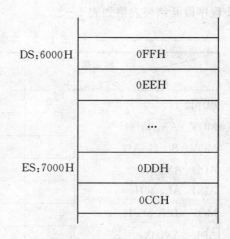

图 1-7 实验内容(7)图

5. 实验报告要求

(1)写出本次实验内容和实验步骤。

(2)整理出运行正确的各题源程序段和运行结果。

(3)写出实验内容(3)中改正后的正确指令。

(4)对 TD.EXE 的使用方法进行小结。

1.2.2 实验 2:算术逻辑运算和移位操作

1. 实验目的

(1)熟悉算术逻辑运算指令和移位指令的功能。

(2)了解标志寄存器中各标志位的意义以及指令执行对它的影响。

2. 实验设备

微型计算机、调试工具 TD.EXE

3. 实验预习要求

(1)复习 8086 指令系统中的算术逻辑类指令和移位指令。

(2)按照题目要求在实验前编写好实验中的程序段。

4. 实验内容

(1)在 TD.EXE 中输入程序段并单步执行,观察记录标志位的变化情况。实験程序段及结果表格如表 1-2。

表 1-2 实验 2 结果表格 I

标志位 程序	CF	ZF	SF	OF	PF	AF
程序段1:	0	0	0	0	0	0
MOV AX, 1018H						
MOV SI, 230AH						
ADD AX, SI						
ADD AL, 30H						
MOV DX, 3FFH						
ADD AX,BX						
MOV [20H], 1000H						
ADD [20H], AX						
PUSH AX						
POP BX						
程序段2:	0	0	0	0	0	0
MOV AX, 0A0AH						
ADD AX, 0FFFFH						
MOV CX, 0FF00H						
ADC AX, CX						
SUB AX, AX						
INC AX						
OR CX, 0FFH						
AND CX, 0F0FH						
MOV [10H], CX						
程序段3:	0	0	0	0	0	0
MOV BL, 25H						
MOV BYTE PTR[10H], 4						
MOV AL, [10H]						
MUL BL						

标志位 程序	CF	ZF	SF	OF	PF	AF
程序段 4:	0	0	0	0	0	0
MOV WORD PTR[10H],80H						
MOV BL, 4						
MOV AX,[10H]						
DIV BL						
程序段 5:	0	0	0	0	0	0
MOV AX, 0						
DEC AX						
ADD AX, 3FFFH						
ADD AX, AX						
NOT AX						
SUB AX, 3						
OR AX, 0FBFDH						
AND AX, 0AFCFH						
SHL AX,1						
RCL AX,1						

每个程序段均按以下步骤操作：

①启动 TD,在 CPU 窗口中输入程序段。

②在标志窗口中把标志位都置为 0。

③在 CPU 窗口中把 IP 指针指向程序段开始处。

④单步运行程序,在表 1-2 中记录每条指令执行后的标志位变化情况。

⑤根据记录的数据分析每条指令执行后的结果及其对标志位的影响。

(2)用 BX 寄存器作为地址指针,从 BX 所指的内存单元(0010H)开始连续存入三个无符号数(10H、04H、30H),接着计算内存单元中的这二个数之和,和放在0013H 单元中,再求出这三个数的乘积,将乘积存入 0014 单元中。写出完成此功能的程序段并上机验证结果。

(3)写出完成下述功能的程序段。上机验证你写出的程序段,并指出程序运行后 AX＝?

①传送 15H 到 AL 寄存器;

②再将 AL 的内容乘以 2;

③接着传送 15H 到 BL 寄存器;

④最后把 AL 的内容乘以 BL 的内容。

(4)写出完成下述功能的程序段。上机验证你写出的程序段,程序运行后的商＝?

①传送数据 2058H 到 DS:1000H 单元中,数据 12H 到 DS:1002H 单元中;

②把 DS:1000H 单元中的数据传送到 AX 寄存器;

③把 AX 寄存器的内容算术右移二位;

④再把 AX 寄存器的内容除以 DS:1002H 字节单元中的数;

⑤最后把商存入字节单元 DS:1003H 中。

(5)下面的程序段用来清除数据段中从偏移地址 1000H 开始的 12 个字存储单元的内容(即将 0 传送到这些存储单元中)。

①将第 4 条比较指令填写完整(划线处)。

```
        MOV SI,1010H
NEXT:   MOV WORD PTR[SI],0
        ADD SI,2
        CMP SI,_____
        JNE   NEXT
        HLT
```

②假定要按高地址到低地址的顺序进行清除操作(高地址从 1016H 开始),则上述程序段应如何修改?

上机验证以上两个程序段并检查存储单元的内容是否按要求进行了改变(注意:标号就是用符号表示的指令地址,所以在 TD 中,当输入标号处的指令时要记录下指令的地址,输入 JNE 指令时要用该地址代替指令中的标号)。

(6)输入并单步运行表 1－3 中的程序段,观察每一条指令的执行结果,并将结果填入表右边的空格中。分析结果,说明本程序段的功能是什么。

5.实验报告要求

(1)整理出运行正确的各题源程序段和运行结果,回答实验中的问题。

(2)简要说明 ADD、SUB、AND、OR 指令对标志位的影响。

(3)简要说明一般移位指令与循环移位指令之间的主要区别。

表 1 - 3　实验 2 结果表格 Ⅱ

程序段	字单元(1A00H)=	字单元(1A02H)=
MOV　[1A00H],0AA55H		
MOV　[1A02H],2AD5H		
SHL　WORD PTR[1A02H],1		
CMP　[1A00H],8000H		
CMC		
RCL　WORD PTR[1A02H],1		
RCL　WORD PTR[1A00H],1		

1.2.3　实验 3:串操作

1.实验目的

(1)熟悉串操作指令的功能。

(2)了解串操作指令的使用方法。

2.实验设备

微型计算机、调试工具 TD.EXE

3.实验预习要求

(1)复习 8086 指令系统中的串操作类指令。

(2)按照题目要求在实验前编写好实验中的程序段。

4.实验内容

(1)在 TD 中输入以下程序段并执行,根据结果回答后面的问题。

```
CLD
MOV  DI,1000H
MOV  AX,55AAH
MOV  CX,10H
REP  STOSW
```

上述程序段执行后:

①从 ES:1000H 开始的 16 个字单元的内容是什么?

②DI=?CX=?解释其原因。

(2)在上题的基础上,再输入以下程序段并执行,回答后面的问题。

```
MOV  SI,1000H
```

```
MOV  DI,2000H
MOV  CX,20H
REP  MOVSB
```
程序段执行后：

①从 ES:2000H 开始的 16 个字单元的内容是什么？

②SI＝？DI＝？CX＝？并分析之。

(3)在以上两题的基础上，再分别输入以下三个程序段并运行之。

程序段 1：
```
MOV  SI,1000H
MOV  DI,2000H
MOV  CX,10H
REPZ CMPSW
```
程序段 1 执行后：

①ZF＝？根据 ZF 的状态，你认为两个串是否比较完了？

②SI＝？DI＝？CX＝？并分析之。

程序段 2：
```
MOV  [2008H],4455H
MOV  SI,1000H
MOV  DI,2000H
MOV  CX,10H
REPZ CMPSW
```
程序段 2 执行后：

①ZF＝？根据 ZF 的状态，你认为两个串是否比较完了？

②SI＝？DI＝？CX＝？并分析之。

程序段 3：
```
MOV  AX,4455H
MOV  DI,2000H
MOV  CX,10H
REPNZ SCASW
```
程序段 3 执行后：

①ZF＝？根据 ZF 的状态，你认为在串中是否找到了数据 4455H？

②SI＝？DI＝？CX＝？并分析之。

(4)从 DS:6000H 开始存放有一个字符串"This is a string"，把这个字符串从后往前传送到 DS:6100H 开始的内存区域中(即传送结束后，从 DS:6100H 开始的内存单元的内容为"gnirts a si sihT"),试编写程序段并上机验证。

5. 实验报告要求

(1)整理出运行正确的各题源程序段和运行结果,对结果进行分析。

(2)简要说明执行串操作指令之前应初始化哪些寄存器和标志位。

(3)总结串操作指令的用途及使用方法。

1.2.4 实验4:字符及字符串的输入输出

1. 实验目的

(1)掌握简单的 DOS 系统功能调用。

(2)掌握在 PC 机上建立、汇编、链接、调试汇编语言程序的过程。

2. 实验设备

微型计算机、MASM. EXE、LINK. EXE、TD. EXE

3. 实验预习要求

(1)复习 DOS 系统功能调用的 1、2、9、10 号功能。

(2)认真阅读 1.1 节中汇编语言上机步骤的说明,熟悉汇编程序的建立、汇编、连接、执行、调试的全过程。

4. 实验内容

内容 1:字符的输入和输出

从键盘读入一个小写字母,输出字母表中倒数与该字母序号相同的那个字母。例如输入首字母 a,则输出最后一个字母 z,输入第 4 个字母 d,则输出倒数第 4 个字母 w。

(1)程序流程图如图 1-8 所示。

(2)编程提示

①从键盘输入单个字符可以使用以下两条指令:

```
MOV  AH,1
INT  21H
```

指令执行后,AL 中有从键盘输入的字符。

②在屏幕上显示单个字符可以使用以下三条指令:

```
MOV  DL,<要显示的字符>
MOV  AH,2
INT  21H
```

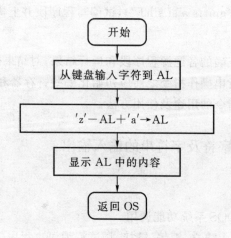

图 1-8　实验内容 1 的程序流程图

③在程序结束处使用以下两条指令即可返回操作系统：

MOV　AH,4CH

INT　21H

注意：源程序中的所有语法符号都必须是半角符号，且不允许出现汉字字符。

(3)程序框架

CSEG SEGMENT

　　ASSUME CS:CSEG

START:

```
从键盘输入一个字符的指令序列

根据流程图中转换算法编制的指令序列

用于显示结果的指令序列
```

KEY:MOV　AH,1　　　　;判断是否有按键按下？

　　INT　16H　　　　　;(为观察运行结果,使程序有控制地退出)

　　JZ　KEY　　　　　;(注:这三条指令可以省略)

```
返回 OS 的指令序列
```

CSEG　ENDS　　　　　;代码段结束

　　END START　　　　;源程序结束

根据 1.1.3 节介绍的汇编语言程序设计步骤,编写程序、编译连接并执行,观察执行结果,若有错误,则找出错误并修改,然后重复以上步骤。

内容 2：字符串的输入和输出

从键盘输入一个字符串（以下说明中，假定键盘缓冲区的名字为 KBUF，要显示的字符串变量名为 STR），将输入的字符串传送给 STR 变量，在屏幕上显示 STR 变量中的内容。

（1）程序流程图如图 1－9 所示。

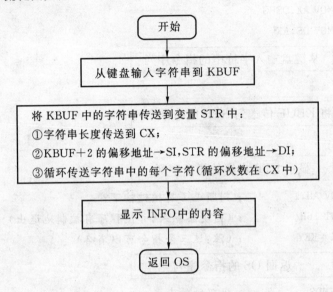

图 1－9　实验内容 2 的程序流程图

（2）编程提示

在屏幕上显示字符串可以使用以下三条指令：

LEA　DX，＜字符串变量名＞　　；字符串必须以字符'$'结束

MOV　AH，9

INT　21H

从键盘上输入字符串可以使用以下三条指令：

LEA　DX，＜键盘缓冲区名＞

MOV　AH，0AH

INT　21H

（3）程序框架

DSEG　SEGMENT

KBUF　DB 20，0，20 DUP(20H)

CRLF　DB 0DH，0AH

```
STR   DB 20 DUP(20H), '$'
DSEG  ENDS
CSEG  SEGMENT
ASSUME   CS:CSEG, DS:DSEG
START:
        MOV AX,DSEG
        MOV DS,AX
```

    从键盘输入字符串的指令序列

    将 KBUF 传送到 STR 的指令序列

        显示 STR 内容的指令序列

```
KEY: MOV AH,1          ;判断是否有按键按下？
     INT 16H           ;（为观察结果,并使程序有控制地退出）
     JZ  KEY           ;（注:这三条指令可以省略）
```

        返回 OS 的指令序列

```
CSEG   ENDS            ;代码段结束
       END START       ;源程序结束
```

　　根据 1.1.3 节介绍的汇编语言程序设计步骤,编写程序、编译连接并执行,观察执行结果,若有错误,则找出错误并修改,然后重复以上步骤。

　　5. 实验习题

　　(1)对实验内容 1,在程序中增加显示提示字符串"Please input a lowercase letter"和"The inverse letter is:",修改程序并上机验证。

　　(2)对实验内容 2,在程序中增加显示提示字符串"Please input a string"和"The string you input is:",修改程序并上机验证。

　　6. 实验报告要求

　　(1)整理出运行正确的各题源程序段和运行结果。

　　(2)说明 DOS 系统功能调用的 10 号功能对键盘缓冲区格式上有何要求。

　　(3)DOS 系统功能调用中的 1、2、9、10 号功能的输入输出参数有哪些？分别放在什么寄存器中？

　　(4)总结一下,汇编语言程序中如何实现字符和字符串的输入输出。

1.2.5　实验 5:直线和分支程序设计

1.实验目的

(1)学习 8086 汇编语言程序的基本结构和顺序程序设计的基本方法。

(2)掌握数据传送及算术、逻辑和移位指令在实际问题中如何使用。

2.实验设备

微型计算机、MASM.EXE、LINK.EXE、TD.EXE

3.实验预习要求

(1)复习顺序结构程序设计的相关内容。

(2)认真阅读预备知识中汇编语言的上机步骤的说明,熟悉汇编程序的建立、汇编、连接、执行、调试的全过程。

4.实验内容

内容 1:直线程序设计

在 NUM 变量中定义了 5 个有符号数(字节类型),分别是 U=09H,V=16H,W=02H,X=03H,Y=05H,计算(U+V−W＊X)/Y,将结果显示在屏幕上。

(1)程序流程图见图 1−10。

(2)编程提示

①如何进行乘法运算。无符号数乘法运算使用 MUL 指令,有符号数乘法运算使用 IMUL 指令。

乘法运算属于隐含操作数的运算,因此在使用乘法指令前,需要先将乘数放入 AL(8 位乘法)或 AX(16 位乘法)中。乘法指令执行后,乘积在 AX(8 位乘法)或 DX:AX(16 位乘法)中。

②如何进行除法运算。无符号数除法运算使用 DIV 指令,有符号数除法运算使用 IDIV 指令。

除法运算属于隐含操作数的运算,因此在使用除法指令前,需要先将被除数放入 AX(8 位除法)或 DX:AX(16 位除法)中。注意:当除数为 8 位时,被除数应为 16 位;除数为 16 位时,被除数应为 32 位。对无符号数除法,当被除数字长不够时,高位部分可直接补 0;而对有符号数除法,当被除数字长不够时,必须使用符号扩展指令进行扩展。除法运算执行后,结果在 AX(8 位除法)或 DX:AX(16 位除法),其中 AL(8 位除法)或 AX(16 位除法)中是商,AH(8 位除法)或 DX(16 位除法)中是余数。

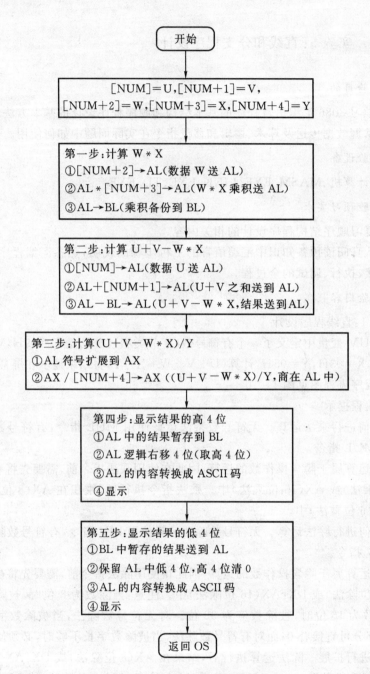

图 1-10 实验内容 1 的程序流程图

(3)程序框架

```
DSEG    SEGMENT
NUM     DB  09H,16H,04H,17H,05H    ;定义 U,V,W,X,Y
DSEG    ENDS
CSEG    SEGMENT
        ASSUME  CS:CSEG,DS:DSEG
START:MOV   AX,DSEG
      MOV   DS,AX
```

┌──┐
│ 计算(U＋V−W＊X)/Y 的指令序列(前三步)   │
└──┘

┌──┐
│ 显示结果的指令序列(第四、五步)   │
└──┘

┌──┐
│ 返回 OS 的指令序列   │
└──┘

```
CSEG    ENDS
        END    START
```

根据程序框架输入源程序,然后编译、连接、执行,观察执行结果。

将数据改为 U＝0ABH,V＝0EFH,W＝12H,X＝10H,Y＝05H,上机验证。结果是否正确? 问题出在何处,应如何解决?

内容 2:分支程序设计

从键盘输入一个十进制正整数 $N(10 \leqslant N \leqslant 99)$,将其转换成十六进制数,转换的结果显示在屏幕上。注意,键盘输入的内容都是 ASCII 码形式。

(1)程序流程图见图 1-11,其中"转换成 ASCII 码显示到屏幕上"处理框可写成子程序,其流程图见图 1-12。

(2)编程提示

字符'0'~'9'的 ASCII 码是 30H~39H,即在数值 0~9 的基础上加 30H;字符'A'~'F'的 ASCII 码是 41H~46H,即在数值 A~F 的基础上加 37H。

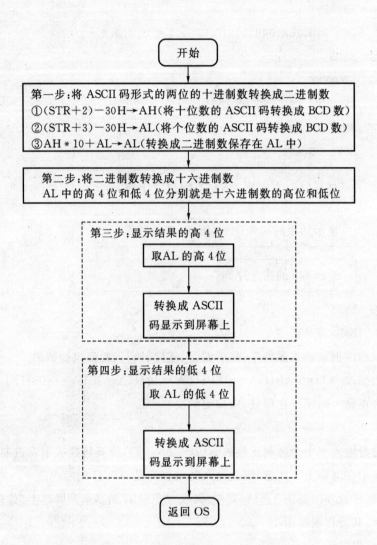

图 1-11 实验内容 2 的程序流程图

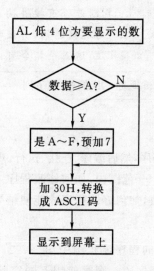

图 1-12 将 AL 低 4 位内容转换为 ASCII 码并显示

(3)程序框架

```
DSEG    SEGMENT
STR     DB 3, 0, 3 DUP(?)
MES     DB ´Input a decimal number(10～99):´, 0AH, 0DH, ´$´
MES1    DB 0AH, 0DH, ´Show decimal number as hex: $´
DSEG    ENDS
CSEG    SEGMENT
        ASSUME  CS:CSEG, DS:DSEG
START:  MOV  AX,DSEG
        MOV  DS,AX
```

> 显示字符串:´Input a decimal number(10～99):´

> 从键盘输入一个两位的十进制数(ASCII 码形式)

> 将十进制数转换成十六进制数(第一、二步)

> 显示字符串:´Show decimal number as hex:´

> 显示转换后的十六进制数(第三、四步)

第 1 章 汇编语言程序设计实验篇

```
KEY:    MOV  AH,1        ;判断是否有按键按下？
        INT  16H         ;（为观察结果，并使程序有控制地退出）
        JZ   KEY         ;（注：这三条指令可以省略）
```

┌───┐
│   返回 OS 的指令序列   │
└───┘

```
CSEG  ENDS
      END   START
```

根据程序框架输入源程序，然后编译、连接、执行，观察执行结果。进一步思考：

①如果输入的数在 0~99 范围内，如何修改程序才能使结果正确？

②如果可以输入负整数，如何修改程序才能使结果正确？

5.实验报告要求

(1)整理出实验内容 1 的程序流程图中第一、二、三步的程序段和实验内容 2 的程序流程图中第一步的程序段。观察使用不同实验数据时的运行结果，对结果进行解释。

(2)简要说明汇编语言程序设计的步骤和每个步骤使用哪种软件工具，生成什么类型的文件。

1.2.6　实验 6：循环程序设计

1.实验目的

(1)掌握循环程序设计方法；

(2)掌握数据的统计和排序方法。

2.实验设备

微型计算机、MASM. EXE、LINK. EXE、TD. EXE

3.实验预习要求

(1)复习比较指令、循环控制指令的用法。

(2)根据流程图和编程提示，预先编写汇编语言源程序。

(3)有兴趣的同学请编写出实验习题中的程序。

4.循环程序简介

循环程序是把一个程序段重复执行多次的程序结构。循环程序包括三个部分：初始化部分、循环体、循环控制部分。

初始化部分用于对循环程序的参数（循环次数、控制条件、指针等）设置初值。

循环体是要被重复执行的程序段。循环控制部分用于决定是否退出循环。循环控制指令可以是转移指令或 LOOP 指令。当已知循环次数或控制条件为 ZF 时,用 LOOP 指令控制循环是最简单的方法。

5. 实验内容

在屏幕上显示提示信息"Please input 10 numbers:",提示用户输入 10 个数(数的范围在 0~99 之间),然后从键盘上读入这 10 个数。接着对这 10 个数从小到大进行排序,并统计 0~59、60~79、80~99 的数各有多少。最后在屏幕上显示排序后的数(每个数之间用逗号分隔)并显示统计的结果。显示格式如下:

Sorted numbers:xx,xx,xx,xx,xx,xx,xx,xx,xx,xx

0~59:xx

60~79:xx

80~99:xx

(1)程序流程图见图 1-13。

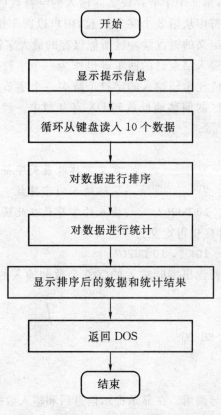

图 1-13　循环程序设计实验程序流程图

(2)编程提示

①提示信息的显示。提示信息需预先用 DB 伪指令在数据段中进行定义。提示信息字符串要用引号括起来,并用美元字符′$′作为字符串的结束。显示时将此提示信息字符串的偏移地址送入 DX 中,用 9 号系统功能调用即可。程序段举例如下:

数据段中定义提示字符串:

    MESSAGE DB ′Please input 10 numbers:′,0DH,0AH,′$′

程序段中显示提示字符串:

```
MOV  DX,OFFSET MESSAGE; 或 LEA  DX, MESSAGE
MOV  AH,9
INT  21H
```

②接收键入的字符串。接收键入的字符可用 DOS 功能调用的 0AH 号功能。在使用此功能调用前,需要在数据段定义键盘输入缓冲区,缓冲区第 1 字节存放它能保存的最大字符数,第 2 个字节存放实际输入的字符数(由 0AH 号功能填入),用户从键盘输入的字符串从第 3 个字节放起,用户以回车键结束本次输入。如果输入的字符数超过所定义的键盘缓冲区所能保存的最大字符数,0AH 号功能将拒绝接收多出的字符。输入结束时的回车键也作为一个字符(0DH)放入缓冲区,因此设置的缓冲区大小应比希望输入的字符个数多一个字节。在调用 0AH 号功能前需将键盘输入缓冲区的偏移地址放到 DX 寄存器中。程序段举例如下(假定最多输入 9 个字符):

数据段中:

```
KB_BUF  DB  3           ;定义可接收最大字符数(包括回车键)
ACTLEN  DB  ?           ;实际输入的字符数
BUFFER  DB  10 DUP(?)   ;输入的字符放在此区域中
```

注:上述键盘缓冲区也可定义为

```
KB_BUF  DB  10, ?, 10 DUP(?)
```

但这种定义方法要取出实际输入的字符个数和输入的字符就必须使用相对寻址。

程序段中:

```
MOV  DX, OFFSET KB_BUF
MOV  AH, 0AH
INT  21H
```

③宏指令的定义与调用。在显示提示信息后和输入数据后,都需要回车换行,在这里我们用一个宏指令 CRLF 来实现。注意:宏指令 CRLF 中又调用了另外一

个带参数的宏指令 CALLDOS。宏指令一般定义在程序的最前面。

宏定义：

```
CALLDOS MACRO FUNCTION      ;定义宏指令 CALLDOS
    MOV   AH, FUNCTION
    INT   21H
    ENDM                    ;宏定义结束
CRLF   MACRO                ;定义宏指令 CRLF
    MOV   DL,0DH            ;回车
    CALLDOS 2              ;2号功能调用用于显示 DL 中的字符
    MOV   DL,0AH            ;换行
    CALLDOS 2
    ENDM                    ;宏定义结束
```

CRLF 宏指令用 2 号 DOS 功能调用(显示一个字符)显示回车符与换行符的方法来实现回车换行。2 号 DOS 功能在显示回车符与换行符时实际上只是把光标移到下一行的开始,而并非把 0DH 和 0AH 显示在屏幕上。

宏调用:在程序中凡是需要进行回车换行的地方只要把 CRLF 看成是一条无操作数指令直接使用即可。在程序中若要使用 CALLDOS 宏指令,需要在 CALL-DOS 宏指令后带上一个实参,该实参为 DOS 功能调用的功能号。

④为了便于排序和统计,从键盘输入的数据先转换成二进制数存储,在最后显示结果前再把数据转换成 ASCII 码。

⑤对数据进行排序的程序段请参考教材中的冒泡排序例子。但要注意本题目的要求是从小到大进行排序,而教材中的例子是从大到小进行排序。

⑥对数据进行统计的程序段请参考教材中的相关例子。

(3)程序框架

```
编程提示中介绍的宏 CALLDOS 和 CRLF 放在此处
```

```
DATA        SEGMENT
;提示信息字符串
MESSAGE   DB  ´Please input 10 numbers:´,0DH,0AH,´$´
;定义键盘缓冲区
KB_BUF    DB  3                ;定义可接收最大字符数(包括回车键)
ACTLEN    DB  ?                ;实际输入的字符数
BUFFER    DB  3  DUP(?)        ;输入的字符放在此区域中
;数据及统计结果存放单元
```

```
NUMBERS     DB    10 DUP(?)                ;键入的数据转换成二进制后放在此处
LE59        DB    0                        ;0～59 的个数
GE60        DB    0                        ;60～79 的个数
GE80        DB    0                        ;80～99 的个数
;显示结果的字符串
SORTSTR     DB    ´Sorted numbers:´
SORTNUM     DB    10 DUP(20H,20H,´,´),0DH,0AH
MESS00      DB    ´ 0 - 59:´,30H,30H,0DH,0AH
MESS60      DB    ´60 - 79:´,30H,30H,0DH,0AH
MESS80      DB    ´80 - 99:´,30H,30H,0DH,0AH,´ $´
DATA        ENDS
;
CODE        SEGMENT
ASSUME      CS:CODE, DS:DATA
START:      MOV   AX, DATA
            MOV   DS, AX
```

┌───┐
│ ①显示 MESSAGE 提示信息   │
└───┘

```
            MOV   CX, 10                   ;共读入 10 个数据
            LEA   DI, NUMBERS              ;设置数据保存区指针
LP1:
```

┌───┐
│ ②从键盘读入一个数据,转换成二进制数   │
│ 存入 DI 所指向的内存单元   │
└───┘

```
            INC   DI                       ;指向下一个数据单元
            CRLF                           ;在下一行输入
            LOOP LP1                       ;直到 10 个数据都输入完
```

┌───┐
│ ③对 NUMBERS 中的 10 个数据排序   │
└───┘

┌───┐
│ ④ 对 NUMBERS 中的 10 个数据进行统   │
│ 计,结果放在 GE80、GE60 和 LE59 中   │
└───┘

```
┌─────────────────────────────────────┐
│  ⑤把排序后的 10 个数据转换成 ASCII 码 │
│  依次存入 SORTNUM 字符串中             │
└─────────────────────────────────────┘
```

```
┌─────────────────────────────────────┐
│  ⑥把 GE80、GE60 和 LE59 中的统计结果  │
│  转换成 ASCII 码存入 MESS80、MESS60 和 │
│  MESS00 字符串中                      │
└─────────────────────────────────────┘
```

```
        LEA   DX, SORTSTR      ;显示排序和统计的结果
        MOV   AH,9
        INT   21H
        MOV   AH, 4CH
        INT   21H
CODE    ENDS
        END   START
```

提示:为节省实验时间,以上程序框架已放在 LOOPPROC. TXT 文件中,实验时可将其拷贝到你自己的目录下(注意要将文件名改为你希望的名字),然后直接在该文件中增添所需的指令序列即可。

6.实验习题

(选做)任选一题完成之:

(1)从键盘输入任意一个字符串,统计其中 A~Z 字符出现的次数(不分大小写,没出现次数就记为 0),并把结果显示在屏幕上。显示格式如下:

A: xx

B: xx

⋮

Z: xx

(2)从键盘分别输入两个字符串,若第二个字符串包含在第一个字符串中就显示'MATCH',否则显示'NO MATCH'。

(3)按 6 行×16 列的格式顺序显示 ASCII 码为 20H 到 7FH 之间的所有字符,即每 16 个字符为一行,共 6 行。每行中相邻的两个字符之间用空格字符分隔开。试编写程序段并上机运行验证。提示:程序段包括两层循环,内循环次数为 16,每次内循环显示一个字符和一个空格字符;外循环次数为 6,每个外循环显示一行字符并显示一个回车符(0DH)和一个换行符(0AH)。

7.实验报告要求

(1)整理出实现程序框架中方框 1 到方框 6 中的程序段。

(2)给出实验程序的运行结果截图。

(3)总结一下编制循环程序的要点。

(4)给出实验习题的源程序和运行结果截图。

第 2 章　硬件接口实验篇

2.1　硬件接口实验环境及上机步骤

2.1.1　实验环境

1. 硬件环境

(1) 微型计算机(Intel x86 系列 CPU)一台。

(2) TD-PITC 实验箱 一套。

2. 软件环境。

(1) Windows 操作系统。

(2) Tdpit 集成操作软件。

2.1.2　TD-PITC 实验箱简介

1. 实验箱简介

TD-PITC 实验箱是微机原理实验的硬件平台,全面支持 80X86 微机接口技术的实验教学,能够进行 8 位、16 位和 32 位接口实验和 51 单片机接口实验。

TD-PITC 实验箱需配合 PC 机使用,其内部包含独立电源,不需要从 PC 机取电。

TD-PITC 实验箱采用排线和单线混合连线方式,能够节省实验电路的连接时间,保证连线的可靠性和实验成功率。同时,排线连接方式还能够使实验者更好地体会总线的构成。

TD-PITC 实验箱上提供了 80X86 系统总线的大多数信号,其中包括 16 位数据总线信号和 20 位地址总线信号。控制总线信号包括 I/O 片选和读/写信号、存储器片选和读/写信号、DMA 总线控制信号(HOLD、HLDA)、中断请求信号、系统时钟信号、系统复位信号等。

TD-PITC 实验箱还提供了 8237DMAC、8254PTC、8255、8251、A/D、D/A、

存储器等常用接口电路单元和键盘阵列与数码管单元、开关及 LED 显示单元、点阵 LED 显示单元、电子发声单元、直流电机、步进电机及温度控制单元等外部设备。

需要指出的是,TD-PITC 实验箱已将存储器译码电路和 I/O 译码电路做到了自己内部,并提供了相应的译码输出,从而消除了用户自行搭建译码电路的麻烦。但由于每台微机的 PCI 总线配置不同,实验箱上 I/O 译码电路的 4 个译码输出(IOY0、IOY1、IOY2 和 IOY3)所对应的 I/O 基地址也可能有所不同,实验者在做实验时应通过 Tdpit 集成操作软件观查它们所对应的 I/O 基地址。4 个译码输出(IOY0~IOY3)的地址范围如表 2-1 所示。

表 2-1 I/O 译码输出所对应的地址范围

片选信号	片选信号对应的 I/O 基地址	片选信号对应的偏移地址范围
IOY0	在 Tdpit 集成操作软件中观查	00~3FH
IOY1		40~7FH
IOY2		80~BFH
IOY3		C0~FFH

2. 实验箱结构

TD-PITC 实验箱的结构如图 2-1 所示。

①电源开关。位于实验箱的左上角。

②时钟源。位于电源开关的下方。它的三个输出端分别提供了 1.8432MHz、184.32kHz 和 18.432kHz 的脉冲时钟信号供各实验使用。

③PCI 接口。位于实验箱最上面的中间。

④系统总线。位于 PCI 接口的下方。实验中所需的总线信号都要从系统总线上用连线引出。

以下是本书的实验所涉及的接口单元和设备单元。

①A/D 转换单元。位于 PCI 接口下方的 8237 单元和点阵显示单元之间。本书中的 A/D 转换实验需要用到这个接口单元。

②8254 单元。位于开关及 LED 显示单元的右上方。本书中的 8254 定时/计数器应用实验和电子发声实验需要用到这个接口单元。

③电子发声单元。位于实验箱的左下方。本书中的电子发声实验需要用到这个设备单元。

④步进电机单元。本书中的步进电机控制实验需要用到这个设备单元。

⑤8255 单元。本书中的 8255 可编程并行接口应用实验和步进电机控制实验需要用到这个接口单元。

⑥开关及 LED 显示单元。本书中的许多接口实验都要用到这个设备单元。

⑦温控单元。本书中的温度闭环控制实验需要用到这个设备单元。

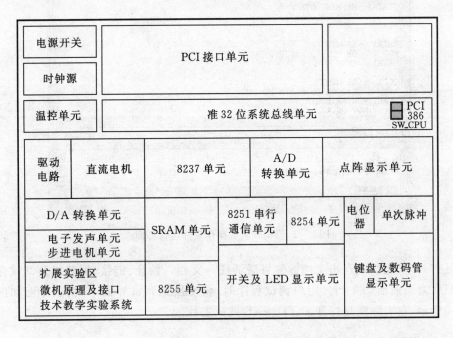

图 2-1 TD-PITC 实验箱平面结构图

2.1.3 Tdpit 集成操作软件简介

1. Tdpit 的主窗口界面

Tdpit 集成操作软件是在 Windows98/Me/2000/XP 系列操作系统下进行汇编语言和 C 语言接口实验的集成编辑调试环境。它允许用户在该环境下编辑、编译、运行及源语言级调试汇编和 C 语言程序。

软件的主窗口界面如图 2-2 所示。窗口分为两部分:程序编辑区和结果信息栏。

(1)程序编辑区

位于窗口上部区域,用户可在程序编辑区用"新建"命令打开一个新文档或用"打开"命令打开一个已存在的文档,在文档中用户可编辑程序。用户可在程序编

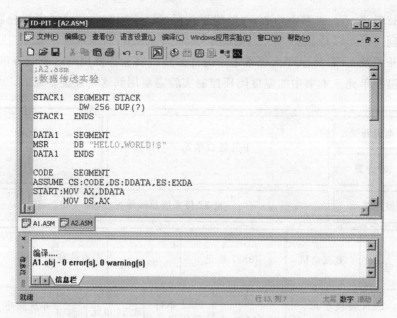

图 2-2 Tdpit 集成操作软件运行界面

辑区打开多个文档,点击文档标签可激活任一文档。编译、链接、加载以及调试命令只针对当前活动文档。用户调试程序时,将切换到调试界面中,调试界面如图2-3所示,它实际就是打开了 TD.EXE 调试工具。

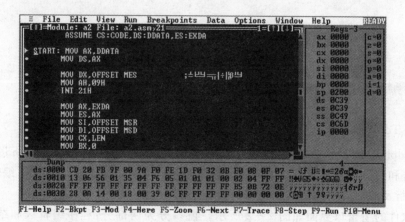

图 2-3 调试界面窗口(TD.EXE)

(2)结果信息栏

位于界面下部,主要显示编译和链接的结果,如果编译时有错误或警告,双击错误或警告信息,错误标识符会指示到相应的有错误或警告的行。

2. 软件操作说明

(1)使用菜单

①文件菜单项和编辑菜单项。包含了标准的 Windows 文件操作命令和文件编辑命令,这里不再赘述。

②查看菜单项。如图 2-4 所示。

工具栏(T):显示和隐藏工具栏。

输出区(O):显示和隐藏输出区(信息栏)。

状态栏(S):显示和隐藏状态栏。

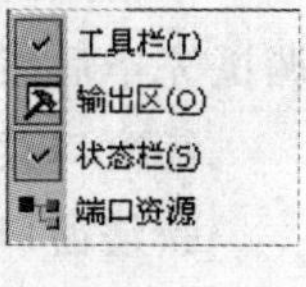

端口资源:查看分配给实验系统的端口地址资源,即 4 个　图 2-4　查看菜单项
I/O译码输出 IOY0~IOY3 所对应的地址范围。如图 2-5 所示。注意:每台计算机上分配的I/O 地址范围不一定相同。

③程序设计语言设置菜单项。如图 2-6 所示。

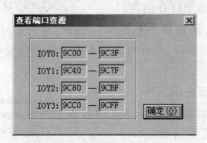

图 2-5　查看端口地址资源

图 2-6　语言设置菜单项

汇编语言:设置软件的当前语言环境为汇编语言,此时可以编辑、编译、连接和调试汇编语言程序。

C 语言:设置软件的当前语言环境为 C 语言,此时可以编辑、编译、连接和调试 C 语言程序。

注意:若语言设置不正确,编译时会出错。

④编译菜单项。如图 2-7 所示。

编译(C):编译当前活动文档窗口中的源程序,在源文件目录下生成目标文件。如果有错误或警告生成,则在输出区显示错误或警告信息,双击错误或警告信息,可定位到有错误或警告的行,修改有错误或警告的行后应重新编译。编译时自动保存源文件中所做的修改。

图 2-7　编译菜单项

链接(L):链接编译生成的目标文件,在源文件目录下生成可执行文件。如果有错误或警告生成,则在输出区显示错误或警告信息,查看错误或警告信息修改源程序,修改后应重新编译和链接。

　　运行(R):执行当前连接成功的可执行程序。当前激活的程序编译连接成功或者该程序已经编译过,可执行程序已经存在,这时就可运行该程序。

　　调试(D):打开调试环境(TD. EXE)进行当前程序的调试。每次打开或者新建一个新的程序,都必须先进行编译连接,然后才可以执行该操作,进入调试环境。调试完毕后按"Alt ＋ X"键退出调试环境。TD调试环境的操作详见附录。

　　⑤窗口菜单项。如图 2-8 所示。

　　新建窗口(N):打开一个具有与活动窗口相同内容的新窗口,可同时打开多个文档窗口以显示文档的不同部分或视图。如果对一个窗口的内容做了改动,所有其他包含同一文档的窗口也会反映出这些改动。

　　层叠(C):按相互重叠形式来安排多个打开的窗口。

　　平铺(T):按互不重叠形式来安排多个打开的窗口。

图 2-8　窗口菜单项

　　排列图标(A):在主窗口的底部安排被最小化的窗口的图标。如果在主窗口的底部有一个打开的窗口,则有可能会看不见某些或全部图标,因为它们在这个文档窗口的下面。

　　窗口选择:Tdpit 在窗口菜单的底部显示出当前打开的文档窗口的清单。有一个打勾记号出现在活动的窗口的文档名前。从该清单中挑选一个文档可使其窗口成为活动窗口。

　　⑥帮助菜单项。如图 2-9 所示。

图 2-9　帮助菜单项

　　使用帮助(H):使用 Tdpit 的参考资料。

　　实验帮助(E):使用 Tdpit 系列实验系统做实验时的一些相关信息。其中为每个实验提供了详细的实验说明及相关的实验原理,参考设计流程及实验步骤和实验接线等。

　　关于(A)TD-PIT :显示 Tdpit 版本的版权通告和版本号码。

　　(2)使用工具栏

　　①标准工具栏。共有十个按钮,如图 2-10 所示。左面 9 个按钮可用来进行标准的 Windows 文件操作和编辑操作。最右边一个图标是"显示/隐藏输出区"按钮,它可以显示或隐藏信息输出区。

图 2-10　标准工具栏

②编译工具栏。编译工具栏共有六个按钮,如图 2-11 所示。

图 2-11　编译工具栏

编译按钮:编译活动文档中的源程序,在源文件目录下生成目标文件。

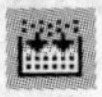

链接按钮:链接目标文件,在源文件目录下生成可执行文件。

运行按钮:执行当前连接成功的可执行程序。

调试按钮:打开调试环境进行当前程序的调试。

查看端口资源按钮:查看实验箱中 IOY0～IOY3 分配的端口地址。

进入 DOS 环境按钮:进入 DOS 环境进行命令行操作。

2.1.4　硬件实验注意事项

(1)请先打开实验台电源再打开计算机。

(2)连线时,只需连接电路图中用虚线标出的连线(实线在内部已连接)。

(3)连接排线时,要注意排线两个插头所对应的线序要一致,并且不要将排线插偏(观察插头两侧,插针未露出才对)。

(4)编写程序时,程序中使用的 I/O 端口地址应与系统分配的地址范围一致,具体地址值可在 Tdpit 集成操作软件中点击端口资源按钮得到。

2.2　硬件接口实验

2.2.1　实验 7:8254 可编程定时计数器实验

1.实验目的

(1)掌握 8254 的工作方式及应用编程。

(2)掌握 8254 的典型应用。

2.实验设备

PC 微机一台、TD-PITC 实验系统一套。

3. 实验预习要求

(1)复习 8254 的功能、电路连接和编程方法。

(2)事先编写好实验中的程序。

4. 实验内容

(1)定时应用实验。用 8254 产生 1Hz 的方波。

(2)计数应用实验。用 8254 的计数功能,按动开关产生计数脉冲信号,在屏幕上显示开关按下次数。

5. 实验原理

8254 可编程定时计数器是 8253 的改进型号,与 8253 完全兼容,在功能、性能上进行了改进。8254 的特性如下:

(1)具有 3 个独立的 16 位计数器通道;

(2)每个计数器可按二进制或十进制(BCD)计数;

(3)每个计数器可编程工作于 6 种不同工作方式;

(4)每个计数器允许的最高计数频率为 10MHz(8253 仅为 2MHz);

(5)拥有 8253 所不具备的读回命令,除了可以读出当前计数单元的内容外,还可以读出状态寄存器的内容。

(6)输入的计数脉冲可以是有规律的脉冲信号,也可以是随机脉冲信号。

8254 的 6 种工作方式如下:

方式 0:计数到 0 结束并输出正跃变信号(计数结束中断);

方式 1:硬件可重复触发单稳态触发器;

方式 2:频率发生器;

方式 3:方波发生器;

方式 4:软件触发选通;

方式 5:硬件触发选通。

8254 的控制字有两个:一个用来设置计数器的工作方式,称为方式控制字,控制字的格式与用法与 8253 兼容;另一个用来设置读出命令,称为读出控制字,它是 8254 特有的。这两个控制字共用一个 I/O 地址,由 D7、D6 标识位来区分。方式控制字格式如表 2-2 所示。读出控制字的格式如表 2-3 所示。

读出控制字用于控制读出各计数器通道的当前计数值,还可用于读出各计数器通道的当前工作状态。当读出控制字的 D5 位为 0 时,由该读出控制字 D1～D2 位指定的计数器的当前计数值将被锁存到 8254 的暂存寄存器中;当读出控制字的 D4 位为 0 时,由该读出控制字 D1～D2 位指定的计数器的状态将被锁存到 8254 的状态寄存器中。读出的状态字格式及含义如表 2-4 所示。

表 2 - 2　8254 的方式控制字格式

D7	D6	D5	D4	D3	D2	D1	D0
计数器(通道)选择		读写格式选择		工作方式选择			计数制选择
00——计数器 0 01——计数器 1 10——计数器 2 11——读回控制字标志		00——锁存计数值 01——读/写低 8 位 10——读/写高 8 位 11——先读/写低 8 位 　　再读/写高 8 位		000——方式 0 001——方式 1 010——方式 2 011——方式 3 100——方式 4 101——方式 5			0——二进制计数 1——十进制计数

表 2 - 3　8254 读出控制字格式

D7	D6	D5	D4	D3	D2	D1	D0
1	1	0——锁存计数值	0——锁存状态信息	计数器选择 D3＝1 选通道 2 D2＝1 选通道 1 D1＝1 选通道 0			0

表 2 - 4　8254 状态字格式

D7	D6	D5	D4	D3	D2	D1	D0
OUT 引脚当前状态 1——高电平　0——低电平		计数初值是否装入 1——计数值无效　0——计数值有效		初始化编程时写入的 方式控制字的 D5 — D0 位			

8254 初始化时所需的计数初值 N 有两种计算方法：

(1)用输入脉冲和输出脉冲的频率比值计算

$$N = f_{CLK} \div f_{OUT}$$

其中，f_{CLK} 是输入时钟脉冲的频率，f_{OUT} 是输出波形的频率。

(2)用输入脉冲和输出脉冲的周期比值计算

$$N = T_{OUT} \div T_{CLK}$$

具体到应用中，如果输出是连续波形(工作方式 2、3)，建议用第 1 种方法计算；如果输出是单一波形，建议用第 2 种方法计算。

6.实验说明及步骤

(1)定时应用实验

实验内容 1：编写程序，将 8254 的计数器通道 0 设置为方式 3(方波发生器)，

CLK0 的输入脉冲使用 18.432kHz 脉冲源。计数初值为 18432,相当对 CLK0 进行 18 432 分频,则在 OUT0 得到 1Hz 的输出(OUT0 输出连接到发光二极管以观察输出脉冲频率)。

实验步骤如下:

①按图 2-12 所示连接实验电路。注意:电路中 8254 引脚 A1、A0 应与系统地址总线的 XA2、XA1 连接,这是因为 8086 为 16 位微处理器,而 8254 为 8 位接口器件,8254 的数据线只与 CPU 数据总线的低 8 位连接。所以 8086 访问 8254 时,只使用偶数地址(奇数地址与数据总线的高 8 位相对应)。要保证出现在 8254 引脚 A1、A0 的编码(00、01、10、11)与地址总线上传送的偶数地址(x000、x010、x100、x110)对应,则地址总线的 XA0 无需连接,只需将 XA2、XA1 与 8254 的 A1、A0 连接即可。

②运行 Tdpit 集成操作软件,查看端口资源分配情况。记录与所使用片选信号对应的 I/O 端口地址。

③编写 8254 初始化程序(程序流程图见图 2-13),然后编译链接并运行之。

④观察发光二极管是否按 1Hz 的频率亮灭,否则请检查电路和程序。

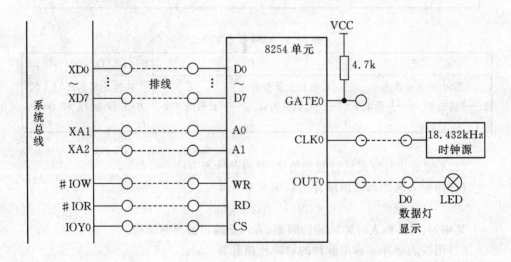

图 2-12　8254 定时应用实验内容 1 的电路接线图

实验内容 2:电路连接类似于实验内容 1,但输入脉冲使用 1.8432MHz 脉冲源,输出脉冲频率仍为 1Hz。由于所需的分频值为 1 843 200,大于单个通道所允许的最大计数值。为此需要同时使用 8254 的计数器通道 0 和计数通道 1,采用两个通道级联的方法来实现分频。两个通道级联使用时,需要注意以下两点:

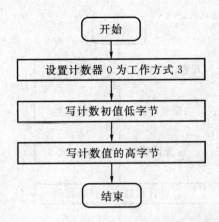

图 2-13 8254 定时应用实验内容 1 的程序流程图

①前级计数通道可设置为方式 2 或方式 3,后级计数通道应根据要求设置工作方式。

②两个计数通道的计数初值之乘积应等于总的分频值,并且每个计数通道的计数初值不应超出所允许的通道最大计数值(65536)。例如,本例中两个计数通道的计数初值可以是 18432 和 100(18 432×100＝1 843 200),也可以是 9216 和 200(9216×200＝1 843 200),等等。但不允许是 184 320 和 10,因为 184 320 已超出8254 单个计数通道的最大计数值。

实验电路连接参考图 2-14 所示连接。实验程序请根据图 2-15 自行编写。

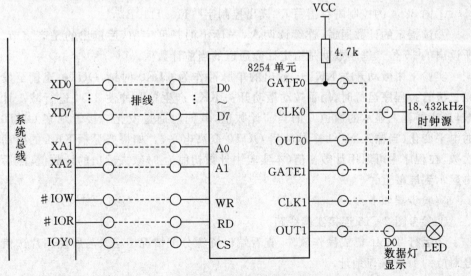

图 2-14 8254 定时应用实验内容 2 电路接线图

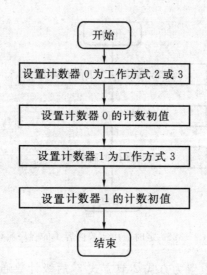

图 2-15　8254 定时应用实验内容 2 的流程图

（2）计数应用实验

当需要对外部事件进行计数时，可设法使每一次外部事件产生一个单脉冲，对此单脉冲进行计数就相当于对外部事件进行计数。本实验用单脉冲单元模拟外部事件的产生，用 8254 对单脉冲单元输出的脉冲进行计数。

本实验要求将 8254 的计数器 0 设置为方式 0，计数初值为 9，然后循环读出计数器的当前计数值显示在屏幕上。注意：要读出计数器的当前计数值需要以下两个步骤：

①向 8254 的控制寄存器写入"读出控制字"：11011110B；

②读指定的计数通道，连续读两次，先读出的是低字节，后读出的是高字节。所读出的 16 位二进制数就是指定计数通道的当前计数值。

实验采用微动开关 KK1＋ 输出的单脉冲作为 CLK0 时钟，OUT0 连接至发光二极管。程序运行时，用手按动微动开关 KK1 产生单脉冲使 8254 进行减 1 计数，观察屏幕上显示的通道 0 的当前计数值，并同时通过发光二极管观察 OUT0 的电平变化（当输入 N＋1 个脉冲后 OUT0 变高电平）。如果要显示 KK1 的按动次数，在程序中可以用计数初值（本实验中计数初值为 9）减去读出的计数值，然后再显示到屏幕上。

实验步骤如下：

①参考图 2-16 连接实验线路。

②运行 Tdpit 集成操作软件，查看端口资源分配情况。记录与所使用片选信号对应的 I/O 端口地址。

③在 Tdpit 集成操作软件中按实验要求编写程序（参考图 2-17 程序流程

图),然后编译链接并运行之。测试电脑键盘上有无按键可使用 BIOS 功能调用 INT 16H(参考汇编语言程序设计中的实验 5)。

④按动 KK1+ 微动开关,观察屏幕上的计数显示和发光二极管的亮灭变化。

思考:若计数初值大于 9,应如何显示计数值?

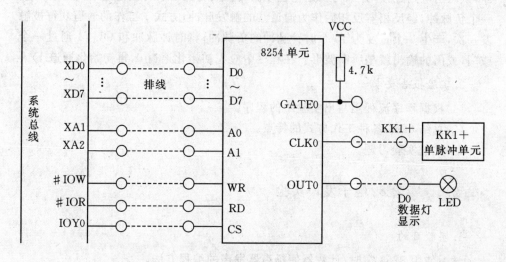

图 2-16 8254 计数应用实验电路接线图

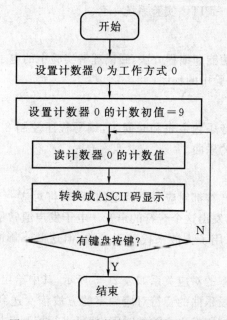

图 2-17 8254 计数应用实验参考流程图

7. 实验习题

(1)定时应用实验内容 2 中,OUT1 的最低输出频率是多少?

(2)若要求 8254 计数通道 0 每间隔 3 秒输出 10 个与时钟脉冲波形相同的脉冲,试画出电路连接,并编写初始化程序。(提示:方式 2 工作的通道 1 每 3 秒产生一个负脉冲,经反相器反相后作为通道 0 的触发脉冲;方式 1 工作的通道 0 每被触发一次,产生一个宽度为 10 个时钟脉冲的负脉冲;将时钟脉冲和 OUT1 通过一个或门,或门的输出就是所需波形。在程序中应先初始化通道 0,再初始化通道 1)

8. 实验报告要求

(1)根据程序流程图写出实验中的程序。

(2)总结 8254 各种工作方式的特点。

(3)完成实验习题。

2.2.2 实验 8:电子发声实验

1. 实验目的

学习使用 8254 定时/计数器使扬声器发声的编程方法。

2. 实验设备

PC 微机一台、TD-PITC 实验系统一套。

3. 实验预习要求

(1)复习 8254 的功能和编程方法,阅读理解实验中的电子发声原理。

(2)事先编写好实验中的程序。

4. 实验内容

根据实验提供的音乐频率表和时间表,编写程序控制 8254,使其输出连接到扬声器上能发出相应的乐曲。

5. 实验原理

音乐中的每一个音符都对应一个特定的频率,将对应一个音符频率的连续波形送到扬声器,就可以发出这个音符的声音。电子发声通常使用的波形是正弦波,为简单起见,本实验采用了方波来代替正弦波,但这并不影响对电子发声原理的理解。

音乐中音符与频率的对应关系如表 2-5 所示,其中给出了低、中、高三个 8 度音区的频率值。将一段乐曲的音符对应频率的方波依次送到扬声器,就可以发出这段乐曲的声音。再控制发出方波的时间,就可进行控制节拍的长短。

表 2-5　音符与频率对照表(单位:Hz)

音调＼音符	1·	2·	3·	4·	5·	6·	7·
A	221	248	278	294	330	371	416
B	248	278	312	330	371	416	467
C	131	147	165	175	196	221	248
D	147	165	185	196	221	248	278
E	165	185	208	221	248	278	312
F	175	196	221	234	262	294	330
G	196	221	248	262	294	330	371

音调＼音符	1	2	3	4	5	6	7
A	441	495	556	589	661	742	833
B	495	556	624	661	742	833	935
C	262	294	330	350	393	441	495
D	294	330	371	393	441	495	556
E	330	371	416	441	495	556	624
F	350	393	441	467	525	589	661
G	393	441	495	525	589	661	742

音调＼音符	·1	·2	·3	·4	·5	·6	·7
A	882	990	1112	1178	1322	1484	1665
B	990	1112	1248	1322	1484	1665	1869
C	525	589	661	700	786	882	990
D	589	661	742	786	882	990	1112
E	661	742	833	882	990	1112	1248
F	700	786	882	935	1049	1178	1322
G	786	882	990	1049	1178	1322	1484

　　在实验中要发出电子声音,需要解决两个问题:一是如何产生所需频率的方波;二是如何控制方波的持续时间。

对第一个问题,我们可以利用 8254 的方式 3 ——"方波发生器"来产生乐曲中每个音符所对应频率的方波。当输入时钟频率固定时,根据输出方波频率就可计算出所需的计数初值,将计数初值写入计数器通道,就可产生所需频率的方波。计数初值的计算如下:

$$计数初值 = 输入时钟频率 \div 输出方波频率$$

例如,当输入时钟采用系统总线上的 CLK(1.041 667 MHz)时,要得到 262Hz(C 调的音符 1)的输出频率,计数初值应为 1 041 667÷262≈3976。

对第二个问题,最简单的方法就是通过软件延时来控制每一个音符演奏时间的长短。首先需要设计一个单位延时时间子程序(本实验中,每个单位延时时间对应 1/4 拍)。然后根据每个音符所需的演奏时间,计算出需要几个单位延迟(用 N 表示),将 N 值作为参数,循环调用 N 次 DELAY 子程序即可。下面给出了延时 1 个单位时间的子程序和延时 N 个单位时间的子程序,实验时可以参考使用。

注意:软件延时与 CPU 的速度有关,若延时时间太长或太短,可将"MOV BX,200H"指令中 200H 适当增大或减少。

```
;单位延时子程序              ;延时 N 个单位时间子程序(入口:DL=N)
DELAY PROC                 DELAY_N PROC
    MOV BX,200H                CALL DELAY      ;延迟 1 个单位
D1: MOV CX,0FFFFH              DEC  DL         ;单位个数减 1
    LOOP  $                    JNZ  DELAY_N    ;若不为 0,继续
    DEC  BX                    RET             ;否则结束,退出
    JNZ D1                 DELAY_N ENDP
    RET
DELAY ENDP
```

提示:为节省程序录入时间,这两个子程序已在实验目录下的 DELAYPROC. INC 中给出,编程时可打开该文件将其内容粘贴到你的程序中即可。更简单的方法是在你的程序中合适的地方增加一条语句:INCLUDE DELAYPROC. INC,但要保证 DELAYPROC. INC 文件一定要与你的源程序文件在同一个目录中。

下面提供了乐曲《友谊地久天长》的频率表和时间表,在编写程序时可直接将它们定义在数据段中。频率表是曲谱中的各个音符对应的频率值(B 调、2/4 拍),时间表是各个音符发音的相对时间长度(由曲谱中节拍计算得出)。

```
FREQ_LIST  DW   371,495,495,495,624,556,495,556,624      ;频率表
           DW   495,495,624,742,833,833,833,742,624
           DW   624,495,556,495,556,624,495,416,416,371
           DW   495,833,742,624,624,495,556,495,556,833
```

```
                DW   742,624,624,742,833,990,742,624,624,495
                DW   556,495,556,624,495,416,416,371,495,0
TIME_LIST  DB   4,  6, 2, 4,  4, 6, 2, 4, 4        ;时间表
           DB   6,  2, 4, 4, 12, 1, 3, 6, 2
           DB   4,  4, 6, 2,  4, 4, 6, 2, 4, 4
           DB  12,  4, 6, 2,  4, 4, 6, 2, 4, 4
           DB   6,  2, 4, 4, 12, 4, 6, 2, 4, 4
           DB   6,  2, 4, 4,  6, 2, 4, 4, 12
```

提示：上述两个表已在实验目录下的 FREQTIME. INC 中给出，可参照前面的提示，打开该文件将其内容粘贴到程序的数据段中。

频率表和时间表中的数据是一一对应的，频率表的最后一项为 0，作为乐曲结束标志。演奏乐曲时，每产生一个音符，就要从频率表中取出一个频率值，根据输入脉冲频率即可计算出相应的计数初值（输入脉冲若使用总线上频率为 1.041 667 MHz 的 CLK 信号，计算计数初值时的被除数应取 1041 667；输入脉冲若使用脉冲源提供的 1.843 2 MHz 信号，计算计数初值时的被除数应取 1 843 200）。将计算出来的计数初值写入 8254 的计数通道就可以发出所需频率的音符。接着从时间表中取出相应的相对时间长度，将其作为参数调用延迟 N 个单位时间子程序来得到音符持续时间。一个音符演奏结束，再取出下一个音符的频率值和时间值按上述同样的方法处理，直到取出的频率值为 0，即可结束演奏。

6. 实验说明及步骤

（1）运行 Tdpit 集成操作软件，查看端口资源分配情况。记录与所使用片选信号对应的 I/O 端口始地址。

（2）参考图 2-18 所示连接实验线路。注意：8254 的输入时钟脉冲也可以采用实验台上的 1.8432MHz 时钟源，但程序中计算计数初值时的被除数也必须进行相应改动。

（3）利用查出的地址，参考前面介绍的实验原理和图 2-19 所示流程图编写程序（程序框架见后），然后编译链接。注意：流程图是循环反复演奏，实验中也可以修改为只演奏一遍）。流程图中测试有无按键可用 BIOS 功能调用 INT 16H（参考第一部分的实验 5）。

（4）运行程序，聆听扬声器发出的音乐是否正确。

程序框架如下：

```
;******** 请根据查看到的端口地址修改下面的 IOYO 的值 ********
IOY0            EQU   9800H

;****************************************************
MY8254_COUNT0   EQU   IOY0＋00H * 2   ;8254 计数器 0 端口地址
```

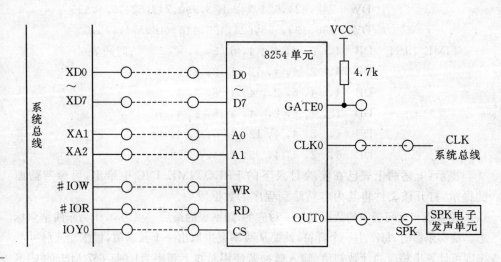

图 2 - 18　电子发声实验接线图

```
MY8254_COUNT1    EQU    IOY0 + 01H * 2      ;8254 计数器 1 端口地址
MY8254_COUNT2    EQU    IOY0 + 02H * 2      ;8254 计数器 2 端口地址
MY8254_MODE      EQU    IOY0 + 03H * 2      ;8254 控制寄存器端口地址
DATA    SEGMENT
        INCLUDE FREQTIME.INC       ;FREQTIME.INC 应与本程序在同一目录中
DATA    ENDS
CODE    SEGMENT
        ASSUME  CS:CODE, DS:DATA
MAIN: MOV AX, DATA
      MOV DS, AX
```

> 初始化 8254 工作方式:
>
> 通道 0:16 位计数值,方式 3,二进制计数

```
BEGIN:
```

> 设置频率表指针 SI 和时间表指针 DI

```
PLAY:
```

计算计数初值:

计数初值 = 输入时钟频率 ÷ 输出脉冲频率

• 输入时钟频率 = 1.041 666 7MHz = 0FE502H

• 输出脉冲频率 = 当前音符频率

注意:这个除法是用 16 位的数去除 32 位的数

将计数初值写入通道 0

从时间表中取出当前音符的演奏相对时间值送到 DL 寄存器,调用延时 N 个单位时间的子程序:DELAY_N

```
    ADD SI, 2                          ;频率表指针增量
    INC  DI                            ;时间表指针增量
    CMP  WORD PTR [SI],0               ;判断乐曲是否结束(频率值 = 0)?
    JZ   BEGIN                         ;如果结束,则从头再开始演奏
```

判断 PC 键盘上是否有键按下,若没有按键,则继续演奏

```
QUIT: MOV  DX, MY8254_MOD              ;有键按下,则退出。
    MOV  AL, 10H                       ;退出前置通道 0 为方式 0,OUT0 输出 0
    OUT  DX, AL
    MOV  AH, 4CH
    INT  21H
    INCLUDE DELAYPROC.INC   ;DELAYPROC.INC 应与本程序在同一目录中
CODE  ENDS
    END MAIN
```

7. 实验习题

仿照本实验,设计发出救护车或警车警笛声音的程序。(提示:只需高音和低音两个音符,高音和低音的延迟时间也是相同的。电路不需改动。)

8. 实验报告要求

(1)给出实验中的源程序和实验习题的源程序。

(2)给出 8254 在你所在专业中的一个实际应用,并描述你的解决方案。

(3)对本实验进行小结,总结用 8254 演奏音乐的方法。

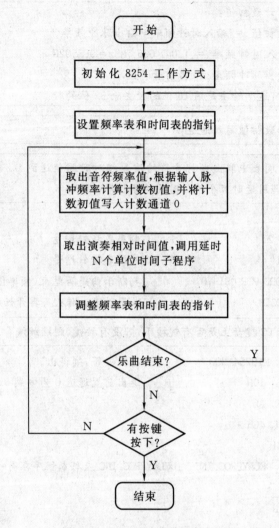

图 2-19　电子发声实验程序流程图

2.2.3　实验9：8255可编程并行接口实验

1. 实验目的

(1)掌握 8255 的工作方式及应用编程。

(2)掌握 8255 的典型应用。

2. 实验设备

PC 微机一台、TD-PITC 实验系统一套。

3.实验预习要求

(1)复习 8255 的功能和编程方法。

(2)事先编写好实验中的程序。

4.实验内容

(1)基本输入输出实验。编写程序,使 8255 的 A 口为输出,B 口为输入,完成拨动开关到发光二极管灯的数据传输。要求只要拨动开关,发光二极管的亮灭就随开关状态的变化而变化。

(2)流水灯显示实验。编写程序,设置 8255 的 A 口和 B 口均为输出,控制 16 个发光二极管循环点亮。

5.实验原理

并行接口允许在 CPU 与 I/O 设备(或被控制对象)之间每次传送多位信息。CPU和接口之间的数据传送总是并行的,即可以同时传递多位二进制数据。

8255 可编程并行接口芯片是一种通用可编程并行 I/O 接口芯片,它具有 A、B、C三个 8 位并行 I/O 端口,并具有三种工作方式:方式 0——基本输入/出方式,方式 1——选通输入/出方式,方式 2——双向选通工作方式。

6.实验说明及步骤

(1)基本输入输出实验

本实验使 8255 端口 A 工作在方式 0 并作为输出口,端口 B 工作在方式 0 并作为输入口。端口 B 连接一组拨动开关,用于输入开关状态;端口 A 连接一组发光二极管,用于控制发光二极管的亮灭。通过对 8255 芯片编程来实现输入输出功能。实验步骤如下:

①参考图 2 - 20 所示连接实验线路。

②运行 Tdpit 集成操作软件,查看端口资源分配情况。记录与所使用片选信号对应的 I/O 端口始地址。

③利用查出的 I/O 端口始地址编写控制程序,程序流程如图 2 - 21 所示。

④编译链接后,运行程序,拨动开关,观察发光二极管显示是否正确。

(2)流水灯显示实验

本实验使 8255 端口 A 和 B 均工作在方式 0 并作为输出口,连接到 D0~D15共 16 个 LED 灯上。通过对 8255 芯片编程,使 16 个 LED 灯依次循环点亮,实现流水灯显示效果。实验步骤如下:

①确认从 PC 机引出的两根扁平电缆已经连接在实验平台上。

②运行 Tdpit 集成操作软件,查看端口资源分配情况。记录与所使用片选信号对应的 I/O 端口始地址。

③参考图 2 - 22 所示的实验线路图完成线路连接。

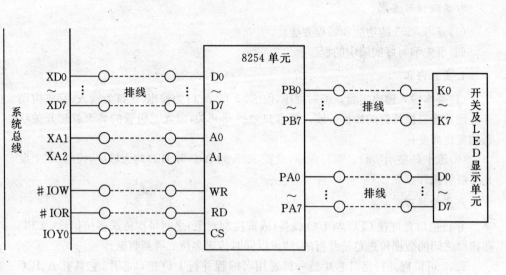

图 2-20 8255 并口应用实验 1 接线图

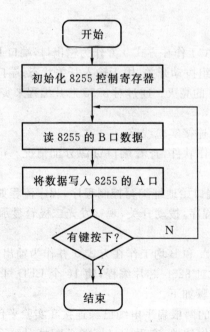

图 2-21 8255 并口应用实验 1 程序流程图

④利用查出的 I/O 端口始地址编写控制程序，实现流水灯的显示。程序参考流程如 2－23 所示。

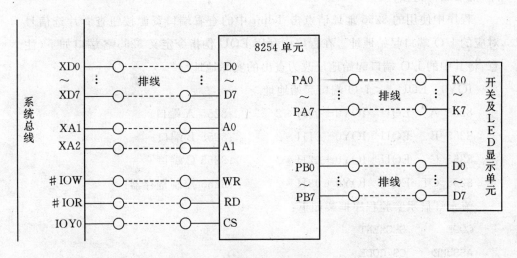

图 2－22　8255 并口应用实验 2 接线图

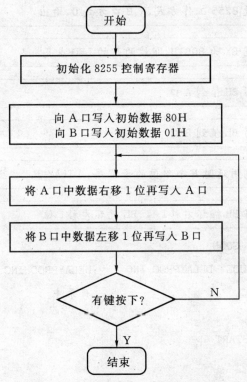

图 2－23　8255 并口应用实验 2 程序流程图

⑤编译链接后,运行程序,看数据灯显示是否正确。利用查出的地址编写程序,然后编译链接。

程序中使用的 8255 地址请点击 Tdpit 中的查看端口资源按钮查看片选信号对应的 I/O 端口起始地址。在程序中利用 EQU 伪指令定义 8255 各端口如下(注意:将其中的 I/O 端口起始地址改为查出的实际地址):

```
IOY0    EQU    <I/O 端口起始地址>
8255_A  EQU    IOY0+00H*2        ;8255 A 端口
8255_B  EQU    IOY0+01H*2        ;8255 B 端口
8255_C  EQU    IOY0+02H*2        ;8255 C 端口
8255_CT EQU    IOY0+03H*2        ;8255 控制寄存器
```

流水灯显示实验程序框架如下:

```
CODE      SEGMENT
ASSUME    CS:CODE

START:    设 8255 工作方式,A、B 口方式 0,输出

GOON:     置 BX 为 8001H,即最两端的 LED 点亮

          写 BH 值到 A 口

          写 BL 值到 B 口

          调用延时 N 个单位的子程序:DELAY_N

          将 BH 循环右移1位,BL 循环左移1位

JMP  GOON
INCLUDE   DELAYPROC.INC    ;DELAYPROC.INC 应与本程序在同一
                            目录中
CODE      ENDS
END START
```

7.实验习题

(1)如果希望将 16 个发光二极管作为整体进行流水灯显示(即 16 个灯中每次只亮 1 个灯),程序应如何修改。编程验证之。

(2)如果希望将 16 个发光二极管中每次点亮 8 个(间隔 1 个灯),程序应如何修改。编程验证之。

(3)更一般的情况,如果希望将 16 个发光二极管中每次点亮 n 个(间隔 1 个灯,$1 \leqslant n \leqslant 8$),程序应如何修改。编程验证之。

8.实验报告要求

(1)给出程序框架中各方框中的程序段和实验习题的源程序;

(2)对本实验进行小结,总结 8255 的应用方法。

2.2.4 实验 10:步进电机控制实验

1.实验目的

(1)了解步进电机控制的基本原理,掌握步进电机的控制方法。

(2)掌握使用 8255 控制步进电机的编程方法。

2.实验设备

PC 微机一台、TD-PITC 实验系统一套。

3.实验预习要求

(1)复习 8255 的功能和编程方法,阅读理解步进电机的控制方法。

(2)事先编写好实验中的程序。

4.实验内容

编写程序,利用 8255 的 B 口来控制步进电机的运转。

5.实验原理

步进电机驱动原理是通过对每相线圈中的电流的顺序切换来对步进电机的转动方向、速度、角度进行控制。所谓步进,就是指每给步进电机一个激励脉冲,步进电机各绕组的通串顺序就改变一次,电机就转动一个角度。调节激励脉冲的频率便可改变步进电机的转速。根据步进电机控制绕组的多少可以将电机分为三相、四相、五相或更多相。实验平台可连接的步进电机为四相八拍电机,电压为 12V,其内部励磁线圈引线如图 2-24 所示。其中 1~4 每个引线端对应一个绕组(相),

5 端为公共连接端。

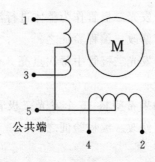

图 2-24　步进电机连线图

　　步进电机在应用中的驱动方式有很多种,基本驱动方式是公共端接电源的正极(＋12V),四相绕组按顺序依次通电激励,使电机一步一步旋转。如果按反顺序激励,则电机会反方向旋转。这就是单相四步激励方式,其各线圈激励顺序如表2-6。表格中的1表示通电(灰色格子),0表示不通电。

表 2-6　单相四拍激励方式的激励顺序

步序＼相	1	2	3	4	
0	1	0	0	0	逆时针方向旋转
1	0	1	0	0	
2	0	0	1	0	
3	0	0	0	1	顺时针方向旋转

　　单相激励方式有一个缺点,就是每次激励时,前一个激励脉冲已消失,后一个激励脉冲才到来,这样在两个激励脉冲瞬间步进电机上没有电流通过,会使电机转动不平稳,甚至可能造成失步。为解决这个问题,可以让后一个激励脉冲到来后,前一个激励脉冲才消失。这样步进电机的绕组中就有了连续电流,使电机步步相连,平稳旋转。这种驱动方式称为双相四拍激励方式,各线圈激励顺序如表2-7。

　　如果要使步进电机旋转更加平稳,还可以采用单双相八拍激励方式,即将前两种方式相结合。这种方式各线圈激励顺序如表2-8。本实验采用的就是单双相八拍激励方式。

表 2-7 双相四拍激励方式的激励顺序

步序＼相	1	2	3	4
0	1	1	0	0
1	0	1	1	0
2	0	0	1	1
3	0	0	0	1

逆时针方向旋转

顺时针方向旋转

表 2-8 单双相八拍激励方式的激励顺序

步序＼相	1	2	3	4
0	1	0	0	0
1	1	1	0	0
2	0	1	0	0
3	0	1	1	0
4	0	0	1	0
5	0	0	1	1
6	0	0	0	1
7(0)	1	0	0	1

逆时针方向旋转

顺时针方向旋转

6. 实验说明及步骤

实验中使用 8255 的 B 口输出激励脉冲。各步序中 PB 口引脚的电平如表 2-9 所示(注意:由于驱动单元除提供驱动电流外,还相当于一个反相器,所以当 8255 的 B 端口某一位输出 1 时表示要激励相应的相绕组)。

表 2-9 各步序中 8255 的 PB 口各引脚电平

步序	PB3	PB2	PB1	PB0	对应 B 口输出值
0	0	0	0	1	01H
1	0	0	1	1	03H
2	0	0	1	0	02H
3	0	1	1	0	06H

续表 2 - 9

步序	PB3	PB2	PB1	PB0	对应 B 口输出值
4	0	1	0	0	04H
5	1	1	0	0	0CH
6	1	0	0	0	08H
7	1	0	0	1	09H

实验步骤如下：

(1)参考图 2 - 25 所示连接实验线路。

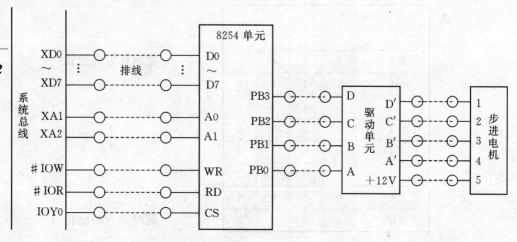

图 2 - 25　步进电机实验电路接线图

(2)运行 Tdpit 集成操作软件,查看端口资源分配情况。记录与所使用片选信号对应的 I/O 端口始地址。

(3)利用查出的地址,参考图 2 - 26 的流程图编写实验程序,然后编译链接。

提示：

①为简单起见,可将 8 个步序的输出值定义在数据段中(用 0 表示结束),工作时直接从数据表中依次取出输出值输出即可(若输出值为 0,则应回到数据开始处再取值)。例如,输出数据可定义如下：

PB_DATA DB 01H，03H，02H，06H，04H，0CH，08H，09H，0

②步进电机的响应速度比较慢,故每输出一个激励数据,都应插入一段延迟才能输出下一个激励数据。实验中可采用软件延迟(参考电子发声实验(实验 8)中

的说明)。

③判断键盘有无按键可使用 16H 号 BIOS 功能调用(参考实验 5)。

(4)运行程序,观察步进电机的转动情况。(注意:步进电机不使用时请断开连接器,以免误操作使电机发热烧毁。)

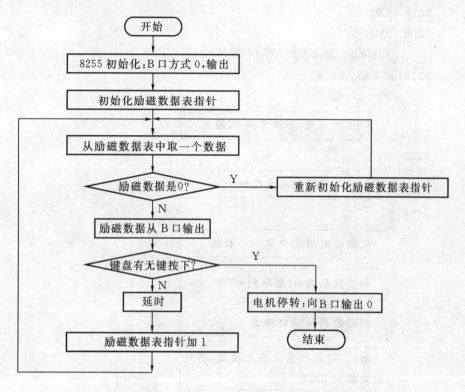

图 2-26   步进电机实验程序流程图

程序框架如下:

```
;******** 请根据查看到的端口地址修改下面的 IOYO 符号值 ********
IOY0            EQU    9800H
;**************************************************
MY8255_PORTA    EQU    IOY0 + 00H * 2    ;8255 端口 A 地址
MY8255_PORTB    EQU    IOY0 + 01H * 2    ;8255 端口 B 地址
MY8255_PORTC    EQU    IOY0 + 02H * 2    ;8255 端口 C 地址
MY8255_CTRL     EQU    IOY0 + 03H * 2    ;8255 控制寄存器端口地址
DATA   SEGMENT
;励磁数据表
```

微型计算机原理与接口技术实验指导

064

```
MOTOR DB 01H, 03H, 02H, 06H, 04H, 0CH, 08H, 09H, 00H
                                    ;0 表示励磁数据表结束
MOTOR1 DB09H, 08H, 0CH, 04H, 06H, 02H, 03H, 01H, 00H
                                    ;反转时用这一组数据

DATA    ENDS
CODE    SEGMENT
        ASSUME  CS:CODE, DS:DATA
MAIN: MOV AX, DATA
        MOV DS, AX
```

┌─────────────────────────────────────┐
│ 8255 初始化:B 口方式 0,输出   │
└─────────────────────────────────────┘

```
RTT0:
```

┌─────────────────────────────────────┐
│ 初始化励磁数据表指针   │
└─────────────────────────────────────┘

```
RTT1:
```

┌─────────────────────────────────────┐
│ 从励磁数据表中取一个数据   │
└─────────────────────────────────────┘

┌─────────────────────────────────────┐
│ 如果数据为 0,则转到 RTT0   │
└─────────────────────────────────────┘

┌─────────────────────────────────────┐
│ 励磁数据从 B 口输出   │
└─────────────────────────────────────┘

┌─────────────────────────────────────┐
│ 测试 PC 机键盘上有无按键,有按   │
│ 键则转到 EXIT   │
└─────────────────────────────────────┘

┌─────────────────────────────────────┐
│ 调用延时 N 个单位时间的子程   │
│ 序:DELAY_N   │
└─────────────────────────────────────┘

┌─────────────────────────────────────┐
│ 励磁数据表指针加 1   │
└─────────────────────────────────────┘

```
JMP  RTT1
```

┌─────────────────────────────────────┐
│ 向 B 口输出 0   │
└─────────────────────────────────────┘

```
EXIT:
        MOV  AH, 4CH
        INT  21H
        INCLUDE  DELAYPROC.INC   ;DELAYPROC.INC 应与本程序在同一目录中
```

```
CODE   ENDS
       END   MAIN
```

注意:程序中延时 N 个时间单位中的 N 值(N≥1)可在做实验时确定。N 的值越大,步进电机旋转越慢;N 的值越小,步进电机旋转越快。

7.实验习题

(1)修改程序,可以选择步进电机的旋转方向。

(2)修改程序,使其能够从键盘输入 1~9,根据值的大小调整延时参数,使步进电机的转动速度做相应改变。

8.实验报告要求

(1)给出完整的实验源程序。

(2)给出实验习题的源程序。

(3)总结步进电机的控制方法。

2.2.5　实验 11:模/数转换实验

1.实验目的

(1)学习掌握模/数信号转换基本原理。

(2)掌握 ADC0809 芯片的使用方法。

2.实验设备

PC 微机一台、TD－PITC 实验系统一套。

3.实验预习要求

(1)复习 ADC0809 的功能和使用方法。

(2)事先编写好实验中的程序。

4.实验内容

编写实验程序,用 ADC0809 完成模拟信号到数字信号的转换。输入模拟信号由 A/D 转换单元可调电位器提供的 0~5V,输出数字量显示在显示器屏幕上。显示形式为:

ADC0809:IN0 引脚　　xx

其中 xx 是从 A/D 转换器读出的数字量,以十六进制数字形式显示。

5.实验原理

实验箱中模/数转换单元的读(RD)、写(WR)和选择(CS)信号转换成 ADC0809 芯片的 START、ALE 和 OE 信号的电路如图 2－27 所示。可以看出,当模/数转换单元的 CS 引脚连接到 IOY0 时,CPU 只要向模/数转换单元发出一个写操作(使用 OUT 指令)即可启动 A/D 转换,CPU 向模/数转换单元发出一个读操作(使用 IN 指令)即可读回转换数据。

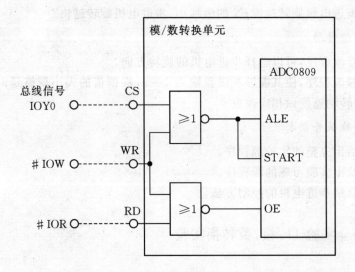

图 2-27   实验箱中模/数转换单元内部主要信号连接示意图

ADC0809 包括一个 8 位的逐次逼近型 ADC 和一个 8 通道的模拟多路开关以及寻址逻辑。用它可对 8 路模拟信号分时进行 A/D 转换,在多点巡回检测、过程控制等应用领域中使用非常广泛。ADC0809 的主要技术指标为:

(1) 分辨率   8 位

(2) 总的不可调误差   ±1LSB

(3) 转换时间   约 $100\mu s$(取决于时钟频率)

(4) 模拟量输入范围   单极性 0~5V

实验中使用 ADC0809 将电位器输出的 0~5V 电压值转换为 0~FFH 的数字量(思考一下:每伏电压对应的数字量是多少? 每变化 1LSB 对应的电压值是多少?),然后将数字量转换为 ASCII 码显示在屏幕上。从 ADC0809 读回的数字量是一个 8 位的二进制数,为了将其以十六进制数形式显示,需要进行十六进制数到 ASCII 码的转换。转换方法如下:(假定读回的数字量在 AL 寄存器中)

(1)取 AL 的高 4 位,若在 0~9 之间,则转换为'0'~'9'的 ASCII 码(30H~39H);若在 0AH~0FH 之间,则转换为'A'~'F'的 ASCII 码(41H~46H)。

(2)取 AL 的低 4 位,若在 0~9 之间,则转换为'0'~'9'的 ASCII 码(30H~39H);若在 0AH~0FH 之间,则转换为'A'~'F'的 ASCII 码(41H~46H)。

显示时,可以先显示"ADC0809:IN0"字符串,再显示以上转换后的两个ASCII 码。也可以先将转换后的两个 ASCII 码插入到"ADC0809:IN0"字符串中,再将字符串一起显示。这种方法需要在定义字符串"ADC0809:IN0"时,在其后预留几个字节的空间,例如字符串可定义为:

STRING   DB   "ADC0809:IN0 $"

两个转换后的 ASCII 码就插入到 IN0 和 $ 之间的空格中。

6.实验步骤及说明

(1)参考图 2-28 所示连接实验线路。

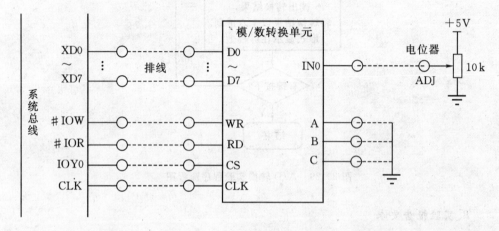

图 2-28 A/D 转换实验接线图

(2) 运行 Tdpit,查看端口资源分配。记录片选信号对应的 I/O 端口始地址。

(3)利用查出的地址,参考图 2-29 所示的流程图编写程序,然后编译链接。流程图中测试有无按键可使用 BIOS 功能调用 INT 16H。

(4)运行程序,调节电位器,观察屏幕上显示的数字量输出。

注意:由于 A/D 转换需要一定时间,启动转换后,需要延迟一段时间再读出转换结果(可用软件延时的方法,参考电子发声实验中的说明)。

7.实验习题

(1)修改程序,将输入的数字量转换成电压值(0~5V),并显示如下:

ADC0809:IN0 引脚电压   x.xV

(2)仿照本实验(电路不需修改),设计一个电平阈值检测程序,当 IN0 端的电压超过 4V 时,在屏幕上显示"High!",当 IN0 端的电压低于 1V 时,在屏幕上显示"Low!",当 IN0 端的电压在 1V~4V 之间时,在屏幕上显示"Normal!"。

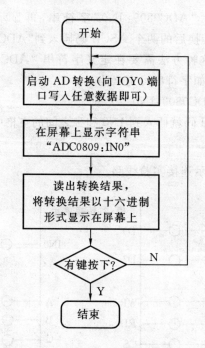

图 2 - 29 A/D 转换实验程序流程图

8. 实验报告要求

(1)根据程序流程图写出实验中的程序。

(2)总结 A/D 转换器的使用方法。

(3)给出 A/D 转换器和 D/A 转换器在本专业中的一个实际应用,并描述你的解决方案。

第3章　硬件仿真实验篇

3.1　仿真实验平台简介

硬件仿真实验平台采用了英国 Labcenter 公司开发的 Proteus 电路分析与实物仿真及印制电路板设计软件。该软件包括两个软件模块：ISIS 和 ARES，ISIS 主要用于原理图设计及电路原理图的交互仿真，ARES 主要用于印制电路板的设计。本实验指导书只使用 Proteus ISIS 原理图设计及交互仿真模块。

Proteus ISIS 提供的 Proteus VSM(Virtual System Modeling)实现了混合式的 SPICE 电路仿真，它将虚拟仪器、高级图表应用、CPU 仿真和第三方软件开发与调试环境有机地结合起来，在搭建硬件模型之前即可在计算机上完成原理图设计、电路分析及程序代码实时仿真、测试及验证。

本教材所使用的 Proteus 软件版本为 7.10(注：Proteus7.5 及其以后的版本均支持 8086 CPU 仿真)。

3.1.1　仿真操作界面

Proteus 软件安装后会在桌面上建立两个图标，分别是 ISIS 和 ARES。双击桌面上的 ISIS 图标或者单击"开始"→"程序"→"Proteus 7 Professional"→"ISIS 7 Professional"，会出现如图 3-1 所示启动界面。

启动后的 Proteus ISIS 工作界面如图 3-2 所示，主要包括：菜单栏、标准工具栏、模式选择工具栏、旋转镜像工具栏、预览窗口、元器件选择按钮、元器件选择窗口、仿真控制按钮、图形编辑窗口等。

其中：

(1) 原理图编辑窗口　用于编辑电路原理图(放置元器件和进行元器件之间的连线)；

(2) 预览窗口　用于显示原理图缩略图或预览选中的元器件；

(3) 编辑模式工具栏　用于选择原理图编辑窗口的编辑模式；

(4) 旋转镜像工具栏　用于对原理图编辑窗口中选中的对象进行旋转、镜像等操作；

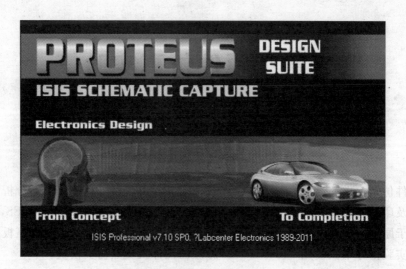

图 3-1 启动时的界面

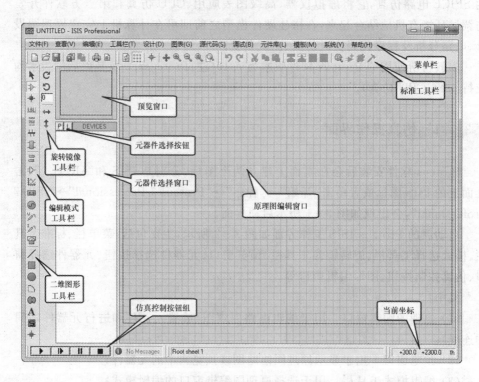

图 3-2 Proteus ISIS 的工作界面

(5)元器件选择按钮　用于在元器件库中选择所需的元器件,并将选择的元器件放入元器件选择窗口中;

(6)元器件选择窗口　用于显示并选择从元器件库中挑选出来的元器件;

(7)仿真控制按钮　用于控制实时交互式仿真的启动、前进、暂停和停止。

Proteus ISIS 的工作界面中,菜单、工具栏、命令按钮等均符合 Windows 标准,大多数工具、命令很容易理解和掌握,所以下面仅简单介绍一下 Proteus ISIS 中与原理图编辑密切相关的编辑模式工具栏各按钮的功能。实际上,要想知道其他工具栏中某个按钮的功能,只要将鼠标指针指向该按钮并停留约1秒钟,就会在鼠标指针旁边弹出一个标签,显示出鼠标所指向按钮的功能,如图3-3所示。

图3-3　将鼠标指针放在按钮上,就会显示出该按钮的功能

表3-1列出了编辑模式工具栏中各按钮的功能。这些按钮被划分到三个子工具栏中:

(1)主模式工具栏　其中的工具按钮主要用于原理图的全局编辑。

(2)部件模式工具栏　其中的工具按钮主要用于原理图中某个对象的编辑。

(3)二维图形模式工具栏　其中的工具按钮主要用于编辑原理图中的图形。

表3-1　编辑模式工具栏中各按钮的功能

子工具栏	按钮	功能及说明
主模式	▶	选择模式:即时编辑任意选中的元器件
	▷	元件模式:选择元器件
	✛	结点模式:在原理图中放置连接点
	LBL	连线标号模式:在原理图中放置或编辑连线标签
	▤	文本脚本模式:在原理图中输入新的文本或编辑已有文本
	╬	总线绘制模式:在原理图中绘制总线
	▯	子电路模式:在原理图中放置子电路或放置子电路元器件

子工具栏	按钮	功能及说明
部件模式		终 z 端模式:在元器件选择窗口中列出 7 类终端(包括:默认、输入、输出、双向、电源、接地、总线)以供绘制原理图时选择
		元件引脚模式:在元器件选择窗口中列出 6 种常用元器件引脚(包括:默认、反向、正时钟、负时钟、总线)以供绘制原理图时选择
		图表模式:在元器件选择窗口中列出 13 种仿真分析图表(包括:模拟、数字、混合、频率、传递、失真、傅里叶等),以供选择
		录音机模式:对原理图进行分步仿真时,用于记录前一步仿真的输出,并作为下一步仿真的输入
		激励源模式:在元器件选择窗口中列出 14 种模拟或数字激励源(激励源类型包括:直流、正弦、时钟脉冲、指数等)以供选择
		电压探针模式:在原理图中添加电压探针,用来记录该探针处的电压值。可记录模拟或数字电压的逻辑值和时长
		电流探针模式:在原理图中添加电流探针,用来记录该探针处的电流值。只能记录模拟电路的电流值
		虚拟仪器模式:在元器件选择窗口中列出 12 种常用的虚拟仪器(包括:示波器、逻辑分析仪、定时计数器、电压表、电流表等)
二维图形模式		2D 连线模式:在元器件选择窗口中列出各种连线以供画线时选择
		2D 图形框模式:用于在原理图上画方框
		2D 圆形模式:用于在原理图上画圆
		2D 弧线模式:用于在原理图上画圆弧
		2D 闭合路径模式:用于在原理图上画任意闭合图形
		2D 文本模式:用于在原理图上标注各种文字
		2D 符号模式:用于选择各种元器件的外形符号
		2D 标记模式:在元器件选择窗口中列出各种标记,用于创建或编辑元器件、符号和终端引脚时建立文本或图形标记

除了用编辑模式工具栏来选择编辑模式外,还可以在选择模式下(原理图编辑

窗口中的鼠标指针为箭头形状时）单击右键，选择"放置"，在出现的子菜单中选择编辑模式。如图3-4所示。

除以上各种工具外，为方便原理图的编辑操作，Proteus ISIS提供了两种系统可视化工具：对象选择框和智能鼠标指针。

对象选择框：它是围绕对象的虚线框，当鼠标掠过元器件、符号、图形等对象时，将出现环绕对象的红色虚线框，如图3-5所示。当出现对象选择框时，单击鼠标左键即可对此元件进行操作。

图3-4 使用右键菜单来选择编辑模式   图3-5 环绕对象的对象选择框

智能鼠标指针：编辑原理图时，鼠标对当前操作具有智能识别功能，鼠标会根据功能改变显示的外观样式。常见的鼠标指针外观样式如下所示。

默认指针。用于选择操作模式。

放置指针。外形为一个无色的笔。单击鼠标左键，然后将元器件轮廓拖动到合适的位置，再次单击鼠标左键，即可将在元器件选择窗口中选中的对象放置在当前位置上。

"热"画线指针。外形为一个绿色的笔，当指针移动到元器件引脚端点上时，单击鼠标左键，开始在元器件引脚之间画线。画至终点时，双击鼠标左键可结束画线。

✐ "热"画总线指针。外形为一个蓝色的笔,仅当绘制总线时出现。当指针移动到已画好的总线上时,单击鼠标左键,开始延伸已画的总线。画至终点时,双击鼠标左键可结束画延伸总线。

↕ 线段拖动指针。此光标样式出现在线段上。出现此光标时,按住鼠标左键并拖动鼠标,即可将线段移动到期望的位置。

✋ 当对象上出现此光标时,单击鼠标左键,对象即被选中。

✋✛ 对象拖动指针。当对象上出现此光标时,按住鼠标左键并拖动鼠标,即可将对象移动到期望的位置。

✋▤ 添加属性指针。单击鼠标左键即可为对象添加属性(选择菜单"工具栏"→"属性设置工具"后,光标移动到对象上时将出现此光标样式)。

3.1.2 绘制电路原理图

1.鼠标使用规则

在 ISIS 的原理图编辑窗口中,鼠标的操作与常见 Windows 应用程序的使用方式略有不同。ISIS 中鼠标使用的一般规则如下:

(1)左键功能

单击空白处——放置元器件

单击未选中的对象——选择对象

单击已选中的对象——编辑对象属性或连线风格

双击对象——同左键单击已选中的对象,编辑对象属性或连线风格

拖曳已选中的对象——移动对象位置

(2)右键功能

单击空白处——弹出元器件放置菜单

单击对象——弹出对象操作菜单

双击对象——删除对象

拖曳——框选一个或多个对象

(3)其他

转动滚轮——放大或缩小编辑窗口

单击中键——拖动编辑窗口

2.选取元器件

Proteus ISIS 提供了一个包含有 8000 多个元器件的元件库,包括:标准符号、晶体管、TTL 和 CMOS 逻辑电路、微处理器和存储器件、各种开关和显示器件等。需要注意的是,并非元件库中的所有元器件都支持 VSM 仿真,所以在进行交互式仿真时,应选择那些支持 VSM 仿真的元器件。一般来说,通用逻辑电路元件的选取规则是,如果只是进行交互式仿真,而不进行电路板布线,则尽量在仿真器件(Modeling Primitives)中选择元件,如果仿真器件中没有所需的元件,可选择 TTL 74 系列或 CMOS 4000 系列逻辑电路。

Proteus ISIS 从元件库查找并选取元件的步骤如下:

(1)打开元件选取(Pick Devices)窗口

首先点击编辑模式工具栏上的的元件模式按钮(或点击主模式子工具栏上的其他按钮)。然后按以下任意一种方法打开元件库,选取所需元件。

打开方法 1:单击元器件选择按钮("P"按钮 P);

打开方法 2:右键单击原理图编辑窗口的空白部位,在弹出的快捷菜单中选择"放置"→"元件"→"From Libraries"(如图 3-6 所示)。

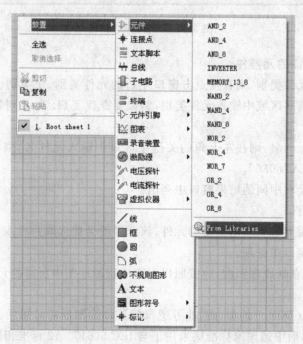

图 3-6　用右键快捷菜单打开元件选取窗口

元件选取窗口如图 3 - 7 所示。

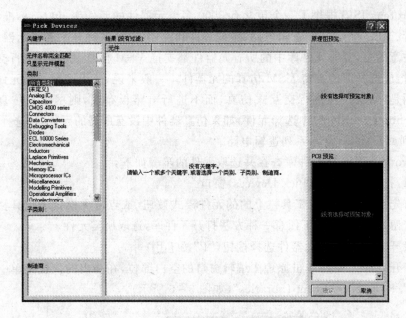

图 3 - 7　元件选取窗口

　　(2)查找所需的元器件

　　如果已知元件类别,则直接点击窗口左边的元件类别、子类别、制造商。也可在左上角的关键字区域中输入元件类别,例如要查找 TTL 74 系列集成电路,则输入"TTL 74"。

　　如果已知元件名,则在左上角的关键字区域中输入元件名,例如要查找 8086 微处理器,则输入"8086"。

　　查找结果会在中间的结果窗口中列出。

　　(3)选取元件

　　在查找结果列表中双击所需的元件,该元件就会被选取并放入 ISIS 工作界面的元器件选择窗口中备用。

　　一般来说,在画原理图前,应按照以上方法将原理图中所需的元器件全部选取出来。

　　注:Proteus ISIS 中的与、或、非等逻辑门器件的图形符号采用了 ANSI/IEEE 91 - 1984 标准,而中国国家标准则采用了与 IEC 60617 - 12 标准相同的图形符号。二者的对应见表 3 - 2。

表 3 - 2　ISIS 中逻辑电路符号与国家标准逻辑电路符号对照表

逻辑门名称	ISIS 中的图形符号	国家标准图形符号
与门	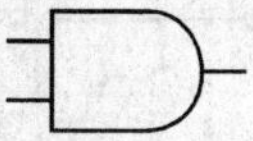	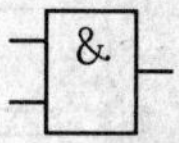 &
与非门		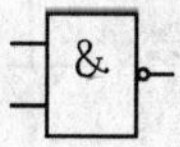 &
或门	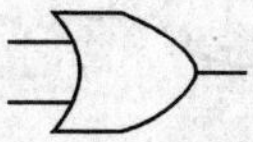	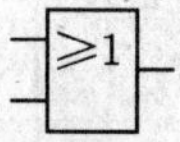 ≥1
或非门	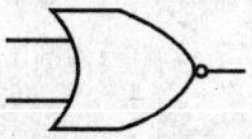	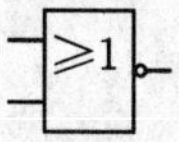 ≥1
非门	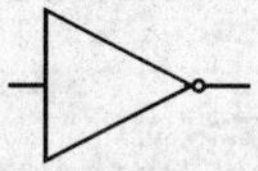	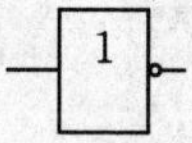 1

3. 电路原理图绘制

下面以绘制图 3-8 所示的最小 8086 系统为例,简要介绍在 Proteus ISIS 中创建仿真电路设计原理图的基本步骤。

(1)创建仿真电路原理图设计文件

启动 Proteus ISIS 后,系统就会自动建立一个空白的原理图设计文件(原理图设计文件的扩展名为. DSN),选择菜单栏上的"文件"→"保存设计"(或直接点击标准工具栏上的"保存设计"按钮),在弹出的窗口中选择文件夹,然后输入文件名保存。

注意:每次实验请及时将原理图设计文件备份到自己的 U 盘中,以免丢失。

(2)添加元件到元器件选择窗口

图 3-8 所示的电路用到的元器件见表 3-3。按 3.1.2 节中"选取元器件"介绍的方法将本例中所需的元件从元器件库中选取到元器件选择窗口。

注意:选取时先要点击编辑模式工具栏上的"元件模式"按钮(或点击主模式子工具栏上的其他按钮)。

(3)放置元件到原理图编辑窗口

首先点击编辑模式工具栏上的"元件模式"按钮,使元器件选择窗口中显示出前一步选取出来的元件。

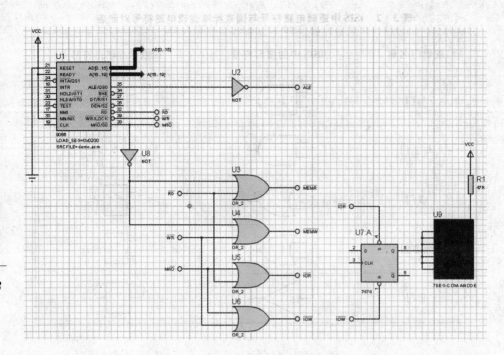

图 3-8　8086 最小系统电路原理图

表 3-3　图 3-8 原理图中的元件清单

元件名称	所属类别	元件功能
8086	Microprocessor ICs	微处理器
NOT	Simulator Primitives	非门
OR_2	Modeling Primitives	2 输入或门
7474	TTL 74 series	D 触发器
RES	Modeling Primitives	电阻(在属性窗口中将阻值改为 47 欧姆)
7SEG—COM—ANODE	Optoelectronics	7 段数码管

　　首先放置 8086 微处理器。在元器件选择窗口中左键单击 8086,然后在编辑窗口中单击左键,这时编辑窗口中就会出现 8086 的虚影,将其拖曳到合适的位置再单击左键放置。

　　依照上述方法,按照图 3-8 依次在编辑窗口中放置非门、或门、触发器、7 段数码管、电阻等元件。

注意:元件放置的方向和位置在绘图过程中还可以调整,开始时可以先粗略地放置到大致差不多的位置上即可。

(4)调整元器件方向

绘制原理图时,可能需要改变元器件的放置方向或对元器件进行镜像翻转。旋转或镜像元件方向有两种方法。

方法1:在编辑窗口中放置元器件前先进行旋转或镜像。即在元器件选择窗口中左键单击所需的元件后,接着点击旋转镜像工具栏中相应的旋转或镜像按钮(可在预览窗口中观察效果),然后再在编辑窗口中单击左键放置元件。

方法2:在编辑窗口中放置元器件后再进行旋转或镜像。即放置元器件时先不考虑元件方向,放置后,右键点击放置的元件,在弹出的快捷菜单中选择旋转或镜像选项(也可直接用数字小键盘上的＋、－键进行旋转)。

(5)移动元器件位置

步骤如下:

①选择要移动的元件。先点击"选择模式"按钮,再左键单击元件,选中的元件会变为红色;也可按住鼠标左键拖曳,使元件包围在拖曳出的方框中进行框选(此方法可选择多个元件)。

②移动选中的元件。元件选中后,鼠标光标变为具有十字方向箭头的手形光标,按住鼠标左键即可移动元件。移到合适位置处后,在编辑窗口的空白处单击左键,撤销元件的选中状态。

(6)编辑元件属性

元件可能还需要修改其元件值,如电阻值、电容值、电压值等。这可以通过编辑元件属性实现。编辑元件属性的方法如下:

在编辑窗口中右键单击选中的元件,在弹出的快捷菜单中选择"编辑属性",弹出"编辑元件属性"对话框,图3－8中电阻R1的"编辑元件属性"对话框如图3－9所示。注意:不同元件其对话框中的属性名称和数目有所不同,但"元件标注"属性在所有元件的编辑属性对话框中都会出现(有的属性对话框中显示为"标注"或"标号")。

对话框中的"元件标注"是元件在原理图中唯一的参考名称,不允许重名。若需要在标注的名称上面显示上横线时,只要在输入的标注名称前后各加上美元符号($)即可。例如,输入的标注为$R1$时,在原理图中将显示为$\overline{R1}$。

"Resistance(Ohms)"是电阻R1的阻值,可根据要求将其修改为所需的值。图中"47R"表示R1的电阻值为47欧姆。如果阻值为4.7千欧姆,则可填写为"4.7k",以此类推。

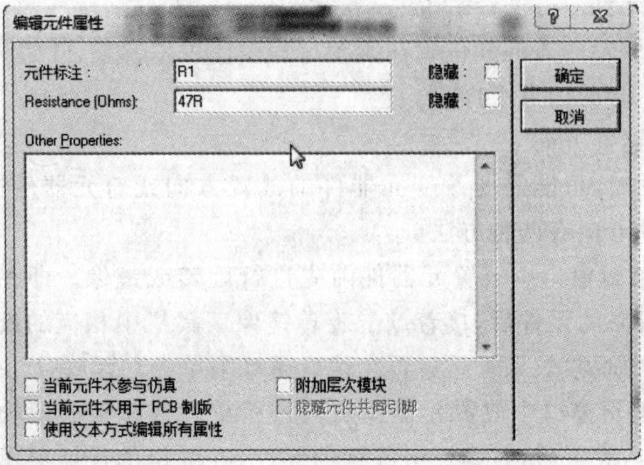

编辑元件属性

元件标注： R1   隐藏： □   确定

Resistance (Ohms): 47R   隐藏： □   取消

Other Properties:

☐ 当前元件不参与仿真   ☐ 附加层次模块
☐ 当前元件不用于 PCB 制版   ☐ 隐藏元件共同引脚
☐ 使用文本方式编辑所有属性

图 3-9 电阻元件的编辑元件属性对话框

（7）连线

放置好元件后，即可开始进行连线。移动鼠标到要连线的元件引脚上，光标会变成绿色铅笔样式，单击鼠标左键，移动鼠标定位到目标元件引脚的端点或目标连线上（移动过程中光标会变成白色铅笔样式），再单击鼠标左键，即可完成两连接点之间的连线。在这个过程中，连线将随着鼠标的移动以直角方式延伸，直至到达目标位置。

如果在连线过程中想自己决定走线路径，只需在希望放置拐点的地方单击即可。放置拐点的地方，拐点上会显示一个临时性的"X"标记，如图 3-10 所示。连线完成后，"X"标记会自动清除。

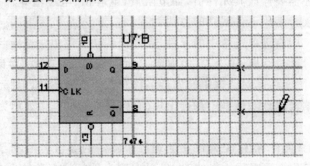

图 3-10 在连线过程中放置拐点

有时需要在连线上加标注，只要在连线上单击右键，打开快捷菜单，选择"放置连线标签"，在打开的编辑连线标签对话窗口中的"标号"栏中输入标签名即可，也可用下拉菜单选择已有的标签名称（注：凡是名称相同的对象在电路图中认为是相连的)。

在系统自动走线过程中,按住 Ctrl 键,系统将切换到完全手动模式,可以利用此方法绘制任意角度的斜线和折线。

(8)放置连接终端

绘制原理图时往往还需要放置并连接某些终端。如输入/输出、电源/地线、总线等。图中用到四类终端:电源(POWER)、地线(GROUND)、默认终端(DEFAULT)、总线(BUS)。

①放置并连接电源和地线。

步骤如下:

1)用鼠标左键单击"终端模式"按钮,元器件选择窗口中会显示出可供选择的终端。

2)从元器件选择窗口中选择"POWER",将其放置于 8086 微处理器的左上方。

3)右键单击电源终端,在弹出的快捷菜单中选择"编辑属性",弹出属性编辑对话框。在属性对话框中的标号栏输入+5V(或 VCC),点击确定关闭对话框。

4)将 8086 的 REDAY 和 MN/MX 引脚连接到电源终端。

5)用同样的方法放置地线终端,并将 RESET 引脚连接到地线终端。

②放置并连接默认终端(一端有圆圈的短线)。

步骤如下:

1)用鼠标左键单击"终端模式"按钮,元器件选择窗口中会显示出可供选择的终端。

2)从元器件选择窗口中选择"DEFAULT",将其放置于 8086 的 NMI、RD、WR、M/IO 引脚的旁边(要留有一定的间距)。

3)右键单击 NMI 引脚旁边的默认终端,在弹出的快捷菜单中选择"编辑属性",弹出属性编辑对话框。在属性对话框中的标号栏输入 NMI(表示这个终端名字为 NMI,是 NMI 信号的连接端子),点击确定关闭对话框。

4)将 8086 的 NMI 引脚连接到此 NMI 终端。

5)用同样的方法标注并连接 RD、WR、M/IO 等终端(注:标注时应输入＄RD＄、＄WR＄和 M/＄IO＄,以便在符号上显示上横线)。

③放置并连接总线。为了使原理图简洁并简化绘图,Proteus ISIS 支持用一条粗线条(总线,BUS)代表多条并行的连接线。放置并连接总线的步骤如下:

1)用鼠标左键单击"终端模式"按钮,从元器件选择窗口中选择"BUS"(总线终端),将其放置于 8086 的 AD[0..15]引脚的右侧合适的地方并调整总线终端的方向(如果需要)。

注:AD[0..15]的意思是,这是一组共 16 根连线,名称分别为 AD0、AD1..AD15,AD[0..15]是这组连线名称的缩写。

2)右键单击总线终端,在弹出的快捷菜单中选择"编辑属性",弹出属性编辑对话框。在属性对话框中的标号栏输入 AD[0..15],点击确定关闭对话框。

3)左键单击"总线模式"按钮。

4)移动鼠标到 8086 的 AD[0..15]引脚端点,光标会从白铅笔变成蓝铅笔,按住鼠标左键并拖动到总线端子上,再单击左键。

5)用同样的方法连接并标注总线 A[16..19]。

6)如果只画一条没有终端的总线,则直接单击"总线模式"按钮,在总线起始位置单击左键,然后拖动光标(如果中间需要放置拐点,只需在拐点处单击左键即可),在总线的终点单击左键,再单击右键结束总线绘制。

7)元件的引脚与总线相连接时,为了美观,连接处最好采用 45°斜线绘制。方法是在需要偏转处,按住键盘 Ctrl 键,连线会沿着鼠标移动方向进行偏转,单击鼠标,松开 Ctrl 键后结束斜线方式绘制。如图 3-11 所示。

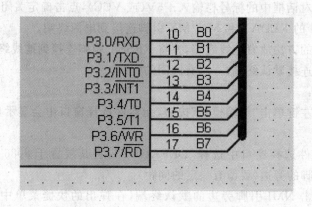

图 3-11　与总线连接采用斜线连接方式

元器件的多个引脚都要与总结连接时,可以使用重复绘制方法以简化绘制过程:先将一个引脚连接至总线,然后依次双击各个引脚即可按相同的样式自动连接。

为了标记元件引脚与总结的对应连接关系,需要批量标记与总线连接的各个连线。方法是,点击标号模式按钮进入标号模式,然后按下键盘上的"A"字母键(也可直接选择菜单的"工具栏"→"属性设置工具"),弹出属性分配工具对话框,如图3-12所示。

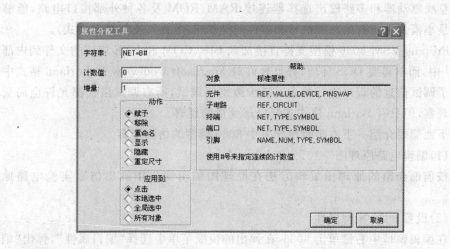

图 3 - 12   连接线标号的属性分配工具对话框

在"字符串"栏中输入：NET＝XX♯（XX 代表标号名，♯代表从所设置的"计数值"开始的顺序号，一般从 0 开始，顺序号的增量值可在"增量"栏中设置）。例如，输入：NET＝B♯，连线标号将顺序标注为 B0、B1、B2、…（见图 3 - 12）。

设置好后，点击"确定"按钮。然后在需要添加标号的第一根连线上单击，则自动在连线上放置标号 B0，在下一根连线上单击，则自动在连线上放置标号 B1，依次操作即可放置多根同类型连线的标号。

到此为止，与 8086 微处理器相关的连线就完成了。接着，就可继续完成图 3 - 8 中非门、或门、触发器、7 段数码管等元件的连接。方法同上，不再赘述。

3.1.3 仿真运行

Proteus ISIS 可以在没有实际物理器件的环境下进行电路的软硬件仿真。为此，其模型库中提供了大量的硬件仿真模型：

（1）常见的 CPU，如 8086、Z80、68000、ARM7、PIC、Atmel AVR 和 8051/8052 等；

（2）数字集成电路，如 TTL 74 系列、CMOS 4000 系列、82xx 系列等；

（3）D/A 和 A/D 转换电路；

（4）虚拟仪器，如示波器、逻辑分析仪、定时计数器、电压表、电流表等；

（5）各种显示器件、键盘、按钮、开关、电机、传感器等通用外部设备。

Proteus VSM 8086 是 Intel 8086 处理器的指令和总线周期仿真模型。它能通过总线驱动器和多路输出选择器连接 RAM、ROM 及各种外部接口电路,能够仿真最小模式中所有的总线信号和器件的操作时序(尚不支持最大模式)。

Proteus VSM 8086 模型支持直接加载 BIN、COM 和 EXE 格式的文件到内部 RAM 中,而不需要 DOS 环境,并且允许对 Microsoft Codeview 和 Borland 格式中包含了调试信息的程序进行源或反汇编级别的调试,所有调试格式都允许全局变量的观察,但只有 Borland 格式支持局部变量的观察。

下面简要介绍一下本实验指导书中 8086 模型的仿真步骤。

(1)编辑电路原理图

按前面介绍的原理图编辑方法在原理图编辑窗口中画出仿真实验电路原理图。

(2)设置 8086 模型属性

在编辑窗口中右键单击 8086,在弹出的快捷菜单中选择"编辑属性",弹出"编辑元件属性"对话框,如图 3 - 13 所示。然后按表 3 - 4 对 8086 模型的属性进行修改。

注意:表 3 - 4 中,前 3 项在编辑属性对话框中是一一对应的,而后 5 项则需要通过选择高级属性(advanced properties)下拉列表来逐个进行编辑。

设置好后,单击确定按钮关闭对话框。

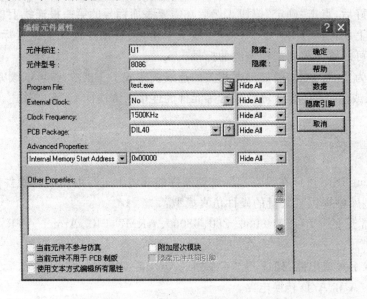

图 3 - 13 编辑 8086 模型的属性

表 3 - 4 8086 模型属性

属性	默认值	修改为	描述
仿真程序文件名 (Program File)			指定一个程序文件并加载到模型的内部存储器中
是否使用外部时钟 (External Clock)	No	No	指定是否使用外部时钟模式
时钟频率 (Clock Frequency)	1000kHz	1500kHz	指定 8086 的时钟频率。使用外部时钟时此属性被忽略
内部存储器起始地址 (Internal Memory Start Address)	0x00000	0x00000	内部仿真存储区的起始地址
内部存储器容量 (Internal Memory Size)	0x00000	0x10000	内部仿真存储区的大小
程序载入段 (Program Loading Segment)	0x0000	0x0200	决定仿真程序加载到内部存储器中的位置
程序运行入口地址 (BIN Entry Point)	0x00000	0x02000	仿真程序从何处开始运行(＝载入段 x16)
是否在 INT 3 处停止 (Stop on Int3)	Yes	Yes	运行到仿真程序中的 INT 3 指令时是否停止

(3)设置编译环境和环境变量

Proteus ISIS 支持的编译器包括 Microsoft C/C＋＋、Borland C＋＋、MASM32、TASM 等。本实验指导书中的所有汇编语言源程序都是用 MASM32 编译器汇编/连接生成 EXE 文件。

按下述方法设置 MASM32 的编译环境:

①安装 MASM32 编译器到 C:\MASM32 目录。

②建立编译批处理文件。

新建一个文本文件,文件名为 MASM32. BAT。输入以下内容:

```
@ECHO OFF
Set path = % path % ;C:\MASM32\BIN
```

```
ml /c /Zd /Zi %1
set str = %1
set str = % str:~0, - 4 %
link16 /CODEVIEW % str % .obj, % str % .exe,nul.map,,nul.def
```

将文件保存到 X:\Labcenter Electronics\Proteus 7 Professional\SAMPLES 目录中(X 为 Proteus 安装的盘符)。

③设置 Windows 环境变量。

为了在编译过程中能找到编译器 ml.exe 和连接器 link16.exe,需要在 Windows 环境变量中添加编译器和连接器的安装目录。

右键单击"我的电脑",选择"属性",在弹出的对话框中选择"高级"选项卡,单击"环境变量"按钮,弹出"环境变量"对话框。在上面的"用户变量"区中单击"新建",弹出"编辑用户变量"对话框,在变量名栏中输入"Path",在变量值栏中输入"C:\MASM32\BIN;",点击"确定"关闭对话框。

④在 Proteus 中设置编译器。

选择 Proteus 的菜单栏中的"源代码"→"设置代码生成工具",点击"新建",选择第 2 步中保存的 MASM32.BAT 文件;然后在"源程序扩展名"栏中输入"ASM",在"目标代码扩展名"栏中输入"EXE",在"命令行"栏中输入"%1",如图 3-14所示。点击"确定"关闭对话框。

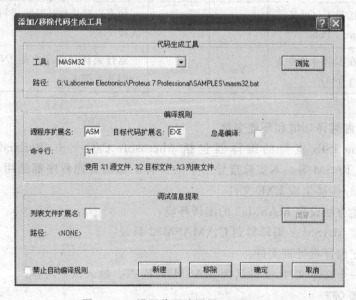

图 3-14   设置代码编译器(生成工具)

(4)添加源程序并编译

步骤如下：

①输入实验源程序。

用任意的文本编辑器（如 Windows 的记事本）输入实验源程序并保存到 X:\
Labcenter Electronics\Proteus 7 Professional\SAMPLES 目录下（X 为 Proteus 安
装的盘符），保存时源程序的文件名可以任意，但最好起一个有意义的名字，并且不
要与已有的文件重名，扩展名必须为 ASM。

本实验指导书中仿真实验的 MASM32 汇编语言源程序框架如下：

＜常数定义和宏定义放在此处＞

.model small

.8086

.stack

.code

.startup

＜实验源程序指令放在此处＞

.data

＜源程序所需的数据变量放在此处＞

end

若程序不需要定义数据变量，data 段可以省略，位置也可放在 code 段前面。

下面的程序是用于图 3-8 的演示程序，输入此程序并保存为 demo.asm。

```
.model small
.stack
.data
.code
.startup
    mov dx, 200h
lp: out dx, al
    call delay
    in al, dx
    call delay
    jmp lp
delay:
    mov bx,50
a:  mov cx,2000
```

```
        loop $
        dec bx
        jnz a
        ret
end
```

编写源程序时要注意：

1)仿真运行的 8086 是一个裸机，没有操作系统。因此程序中不可以使用 DOS 或 BIOS 调用。

2)主程序应为永久循环结构（用 jmp ＜程序开始处的标号＞指令实现），以使得仿真能够持续运行。要结束仿真运行可单击仿真控制按钮中的停止按钮。

②在 Proteus 中添加汇编语言源程序文件。

"源代码"→"添加/删除源代码文件"，在"代码生成工具"的下拉列表中选择 MASM32。再点击"新建"，找到并选择刚才编写的源程序文件，单击"确定"关闭对话框。如图 3－15 所示。

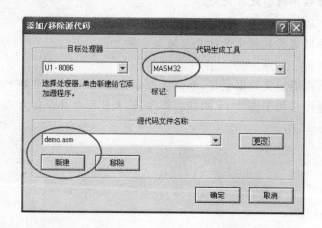

图 3－15　设置代码生成工具，添加源程序文件

③编译源程序。

"源代码"→"编译全部"。若有错误，重新修改源程序后重新编译，直到无错误为止。

（5）仿真调试运行

点击界面左下角的仿真控制按钮（开始、帧进、暂停、停止），可观察电路的仿真运行情况（有一定的动画效果）。仿真过程中，红色方块代表低电平，蓝色方块代表高电平，灰色方块代表不确定电平。

单击"开始",开始仿真运行。

单击"帧进",进入下一个"动画"帧。

单击"暂停",暂停仿真,进入调试模式。系统会弹出源程序调试窗口,使用者也可在系统菜单的"调试"下打开 8086 寄存器窗口、存储器窗口和其他观测窗口。

单击"停止",停止仿真运行。

若处于未运行状态时,选择菜单的"调试"→"开始/重新启动调试"选项,等价于单击仿真控制按钮中的"暂停"按钮,使电路进入调试模式。

如要设置断点,可进入调试模式后,在源程序调试窗口中单击要设置断点的指令,然后按 F9 键即可。按 F12 键开始运行程序。

(6)保存设计

保存原理图到 U 盘中,以供以后修改和仿真。步骤为"文件"→"保存设计"(或直接单击工具栏上的保存设计按钮)。

3.1.4　操作练习

启动 Proteus ISIS,"文件"→"打开设计"(或直接单击工具栏上的"打开设计"按钮),根据图 3-8 按前面介绍的方法绘制电路原理图。图中的元件为:

U1:8086(微处理器)

U2、U8:NOT(非门)

U3-U6:OR_2(2 输入或门)

U7:7474(D 触发器)

U9:7SEG-COM-ANODE(7 段数码管)

R1:RES(电阻)

绘制完后将原理图保存为 demo.DSN。按 3.1.3 节介绍的仿真步骤对 demo.DSN 进行仿真(对应的演示程序为前面介绍的 demo.asm),观察仿真运行结果。

3.2　硬件接口仿真实验

3.2.1　实验 12:8086 最小系统构建和 I/O 地址译码实验

1. 实验目的

(1)掌握 I/O 地址译码器的工作原理和电路设计。

(2)掌握 Proteus ISIS 中电路原理图的模块化设计方法。

(3)绘制通用的 8086 最小系统电路图和 I/O 地址译码电路图供后续实验使用。

2.实验设备

安装有 Proteus 7.10pro 的 PC 微机一台。

3.实验预习要求

(1)复习最小模式下 8086 系统总线的结构与实现。

(2)事先编写好实验中的程序。

4.实验内容

(1)设计通用的 8086 最小系统电路模块。

(2)设计通用的 I/O 地址译码电路模块。

(3)编写测试程序,对 8086 最小系统和 I/O 地址译码电路模块进行仿真测试。

5.实验原理

本书中的仿真实验采用模块化方法进行硬件电路设计。模块化设计有很多优点:

(1)对于较大、较复杂的电路图,如果将整个电路图都画在一张图纸上不仅容易出错,同时也不利于分工合作和技术交流。而利用模块化的电路设计方法可以将复杂的电路图根据功能划分为几个模块,绘制为多张原理图,能够较好地解决上述问题。

(2)在硬件电路设计时,电路中的某些部分往往与以前设计过的电路是相同或类似的。利用模块化的电路设计方法可以直接引用以前设计好的电路模块,从而大大缩短设计周期,并能减少设计错误。

上述第 2 点对于本实验指导书中的仿真实验尤其重要。本实验指导书中,每个仿真实验的微处理器电路和 I/O 地址译码电路部分都基本相同,若每个实验都重新绘制显然会浪费宝贵的实验时间。

因此,本实验将利用模块化设计方法将微处理器电路和 I/O 地址译码电路做成子电路模块,以方便后面的实验重复使用。

本实验需要设计三个电路模块:8086 最小系统、I/O 地址译码电路、测试用辅助电路。

①8086 最小系统电路提供基本的总线信号,包括:

1)地址信号线 XA0～XA19。

2)数据信号线 XD0～XD15。

3)数据总线高 8 位允许信号 #XBHE。

4)存储器读/写控制信号 #MEMR、#MEMW。

5)I/O 读/写控制信号♯IOR、♯IOW。

②I/O 地址译码电路提供 I/O 地址译码输出信号♯IOY0～♯IOY7。对应的I/O 地址分别为：

♯IOY0:1000H～100FH

♯IOY1:1010H～101FH

♯IOY2:1020H～102FH

♯IOY3:1030H～103FH

♯IOY4:1040H～104FH

♯IOY5:1050H～105FH

♯IOY6:1060H～106FH

♯IOY7:1070H～107FH

注:地址线 XA0～XA3 未参与译码,故每个译码输出信号对应 16 个地址。

③测试用辅助电路用于测试 8086 最小系统和 I/O 地址译码电路设计是否正确。其原理是:采用一个 8D 锁存器驱动 8 个 LED 灯,编写程序使 LED 灯循环点亮,呈现流星灯效果(8 个灯的显示顺序为:10 000 000→11 000 000→11 100 000→11 110 000→01 111 000→00 111 100 →00 011 110→00 001 111→00 000 111→00 000 011→00 000 001—00 000 000→再从头开始)。

④本实验使用的仿真元件清单见表 3－5。

表 3－5 8086 最小系统构建和 I/O 地址译码实验元件清单

元件名称	所属类	功能说明
8086	Microprocessor ICs	微处理器
74LS138	TTL 74 series	3－8 译码器
74LS245	TTL 74 series	双向总线收发器
74LS273	TTL 74 series	8D 锁存器(带清除端)
NOT	Simulator Primitives	非门
NAND_2	Modeling Primitives	两输入与非门
OR_2	Modeling Primitives	2 输入或门
OR_8	Modeling Primitives	8 输入或门
LED－RED	Optoelectronics	红色 LED 发光管

6.实验说明及步骤

(1)创建 8086 最小系统模块

①使用子电路工具建立 8086 最小系统模块框图。

1)绘制模块外框。用鼠标左键单击"子电路模式按钮",然后在编辑窗口按住鼠标左键拖动,拖出子电路模块图框,如图 3－16(a)、(b)所示。

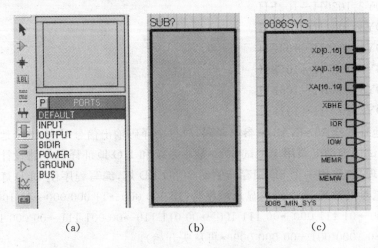

图 3－16 创建子电路模块

2)放置信号端子。从图 3－16(a)所示的元器件选择窗口中选择 BUS(总线端子),放置在子电路图框的右侧。放置的方法是:将铅笔光标移动到子电路图框的右侧边线合适的位置上,当铅笔光标的尖端上显示一个叉号(×)时,单击左键即可。总线端子共放置 3 个。再从元器件选择窗口中选择 OUTPUT(输出端子),放置在子电路图框的右侧,输出端子共放置 5 个,如图 3－15(c)所示。

3)编辑端子名称

鼠标右键单击端子,在弹出的快捷菜单中选择"编辑属性",打开属性编辑对话框,在"标号"栏中输入端子名称(端子名称必须与接下来要绘制的子电路逻辑终端名称一致)。端子名称编辑完成后的样子如图 3－16(c)所示。各端子的含义如下:

XD[0..15]:数据总线(16 位);

XA[0..15]:地址总线的低 16 位;

XA[16..19]:地址总线的最高 4 位;

XBHE:数据总线高 8 位允许信号;

IOR:I/O 读控制信号;

IOW:I/O 写控制信号；

MEMR:存储器读控制信号；

MEMW:存储器写控制信号。

②编辑 8086 最小系统模块子电路图。

在子电路模块图框上单击右键，在弹出的快捷菜单中选择"转到子页面"，这时 ISIS 加载一个空白的子图页面。接下来要绘制的子电路原理图要在此页面中编辑。

在子图页面中输入图 3 – 17 所示的 8086 最小系统电路原理图。

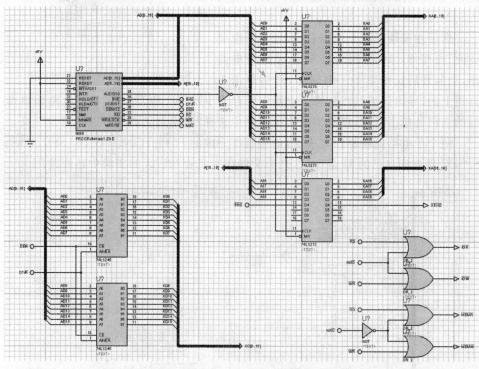

图 3 – 17   8086 最小系统模块子电路原理图

注意：①绘制子电路时需要与外部连接的信号端子应采用终端模式，其名称要与第(1)步中设置的端子名称一致。

②连接总线与元件引脚的连线需标注信号名称。方法是：先选中连线，然后在连线上要放置信号名称的位置单击右键，在弹出的快捷菜单中选择"放置连线标签"，弹出编辑连线标签对话框，在标签栏中输入信号名称，单击"确认"关闭对话框。

子电路编辑完后，单击工具栏上的"保存设计"按钮保存电路图（文件名为 8086.DSN），然后在子电路编辑窗口的空白处单击右键，在弹出的快捷菜单中选择"退出到父页面",返回主设计页。最后单击工具栏上的"保存设计"按钮再次保存电路原理图。

（2）创建 I/O 地址译码子电路

首先按上述同样的方法绘制图 3-18 所示的 I/O 地址译码模块框图,绘制好后选中模块框图,再单击工具栏上的"导出区域"按钮,将模块框图保存成部件组文件（文件名为 IOS_M. SEC）。

然后在模块框图上单击右键,进入子电路页面,按图 3-19 绘制 I/O 地址译码子电路图,绘制好后选中整个子电路图,然后单击工

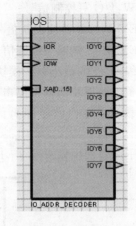

图 3-18 I/O 地址译码模块框图

具栏上的"导出区域"按钮,将子电路图保存为 IOS_S. SEC。最后在子电路编辑窗口的空白处单击右键,在弹出的快捷菜单中选择"退出到父页面",返回主设计页。

两个子电路模块制作完成后,请将制作完成的 8086. DSN、IOS_M. SEC、IOS_S. SEC 保存到自己的 U 盘中,这几个文件在本实验和后续的实验中还要使用。

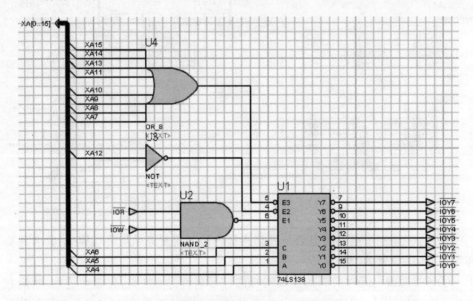

图 3-19 I/O 地址译码模块子电路原理图

（3）绘制实验电路原理图

①将 8086. DSN 复制一个副本,重命名为 lab1. DSN。

②重新启动 Proteus ISIS。单击工具栏上的"打开设计"按钮,选择 lab1. DSN。

③单击工具栏上的"导入区域"按钮,选择 IOS_M. SEC(I/O 地址译码模块框图),将其放置到合适的地方。然后在模块框图上单击右键,在弹出的快捷菜单中选择"转到子页面",这时 ISIS 加载一个空白的子图页面,单击工具栏上的"导入区域"按钮,选择 IOS_S. SEC(I/O 地址译码子电路),将子电路放置在合适的地方,最后在子页面空白处单击右键,在弹出的快捷菜单中选择"退出到父页面"。

④按图 3 - 20 对两个模块进行连线,并绘制测试用辅助电路。

⑤对所有元器件进行标注。在菜单栏上选择"工具栏"→"全局标注",弹出标注器对话框,其中的"范围"选"整个设计","模式"选"增量",然后单击确定关闭对话框。

⑥将实验电路图保存为 lab1. DSN。

(4)编写测试程序

参考程序如下:

```
.model small
.8086
.stack
.data
.code
.startup
    mov  dx,1000h      ;74LS273 锁存器的地址
lp0:
    mov  bx,0e001h     ;点亮 LED 灯的模式值,仅低 8 位输出
lp1:
    mov  al,bl
    out  dx,al         ;输出当前点亮模式
    mov  ah,1          ;延迟 1 个基本时间单位
    call delay
    cmp  bl,0          ;判断模式是否结束
    jz   lp2           ;若结束,进行长延时
    rol  bx,1          ;下一模式值
    jmp  lp1           ;循环
lp2:
    mov  ah,8          ;延迟 8 个基本时间单位
```

```
        call delay
        jmp   lp0          ;重新开始
delay:
        mov   cx,5000
d:  loop d
        dec   ah
        jnz   delay
        ret
end
```

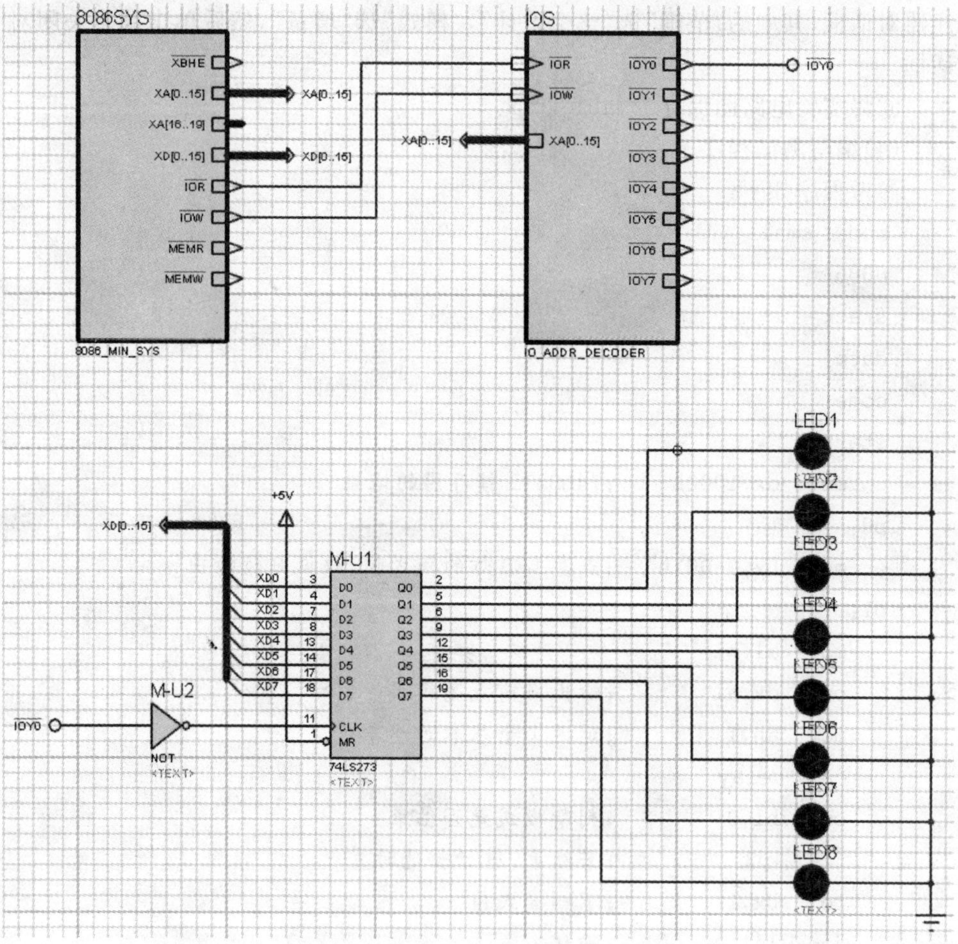

图 3'- 20   8086 最小系统构建和 I/O 地址译码实验电路图

(5)仿真运行

按照 3.1.3 节的步骤进行电路仿真,如果电路、程序和仿真环境设置没有问题,应该可以看到电路图上的 LED 灯像流星坠落样式顺序点亮。

7.实验习题

如果要使 LED 灯按走马灯样式逐个点亮(每个灯每次亮 0.5 秒),编写程序并仿真运行。

8.实验报告要求

(1)给出所绘制电路图的屏幕截图(8086 模块图、8086 子电路图、I/O 地址译码模块图、I/O 地址译码子电路图、实验电路图);

(2)将实验仿真运行画面截图粘贴到实验报告中;

(3)给出能够正确运行的实验源程序和实验习题的源程序;

(4)在绘制电路原理图和仿真运行时,碰到的主要问题是什么? 你是如何解决的?

(5)实验小结、体会和收获。

3.2.2　实验 13:16 位存储器扩充实验

1.实验目的

(1)了解静态存储器操作原理。

(2)掌握 16 位存储器电路设计。

2.实验设备

安装有 Proteus 7.10pro 的 PC 微机一台。

3.实验预习要求

(1)复习存储器扩充方法。

(2)事先编写实验中的汇编语言源程序。

4.实验内容

(1)用 6264 静态存储器芯片设计容量为 16K×8 的存储器电路;

(2)编写程序,往存储器中写入按某种规律变化的数据;

(3)仿真运行,在调试状态下观察存储器写入是否正确。

5.实验原理

(1)SRAM 6264

6264 静态存储器芯片具有 8192(8K)个存储单元,每个单元 8 位。6264 的引脚如图 3-21 所示。

（2）16 位存储器操作

8086 微处理器具有 16 位数据线，每次即可以读/写 16 位数据，也可以读/写 8 位数据。为了能够一次读/写 16 位数据，8086 的存储器分为奇体和偶体，奇体的存储单元的地址全部为奇数，偶体的存储单元的地址全部为偶数。偶体由 A0 选通，奇体由 ♯BHE 选通。

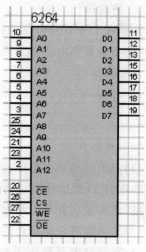

图 3-21　6264 引脚图

存储器中，从偶地址开始存放的 16 位数据称为规则字，从奇地址开始存放的 16 位数据称为非规则字。8086 访问规则字只需要一次读/写操作，♯BHE 和 A0 同时有效，从而同时选通奇体和偶体；但访问非规则字却需要两次读/写操作，第一次读/写操作时 ♯BHE 有效，访问的是奇地址字节；第二次读/写操作时 A0 有效，访问的是偶地址字节。写规则字和非规则字的简单时序图如图 3-22 所示。

8086 读/写 8 位数据时只需要一个读/写周期，视其存放单元为奇或偶，使 ♯BHE 或 A0 有效，从而选通奇体或偶体。

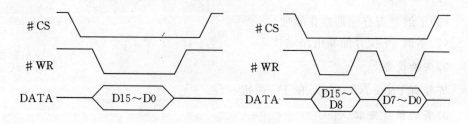

图 3-22　写规则字（左）和非规则字（右）的时序图

6.实验说明及步骤

本实验中，8086 的内部存储器空间设置为 32KB（0～7FFFH），因此扩充的 16KB 外部存储器地址从 8000H 开始，到 BFFFH 结束。共 4000H 个存储单元。其中奇数地址存储单元共 8KB，由原理图中的 SRAM-1（BANK0）存储器芯片提供；偶数地址的存储单元共 8KB，由原理图中的 SRAM-2（BANK1）存储器芯片提供。

实验中可根据以上地址范围设计存储器的地址译码电路。

为了能够观察存储器操作的结果，编写程序时应注意，在存储器所有单元都写入后,要使用一条 INT 3 指令,这条指令可暂停仿真运行,从而进入调试状态。在调试状态中可打开存储器观察窗口,观察存储器的内容。

(1)16 位存储器扩展电路的原理图如图 3-23 所示。原理图使用的元件清单见表 3-6(不包括 8086 模块中的元件)。

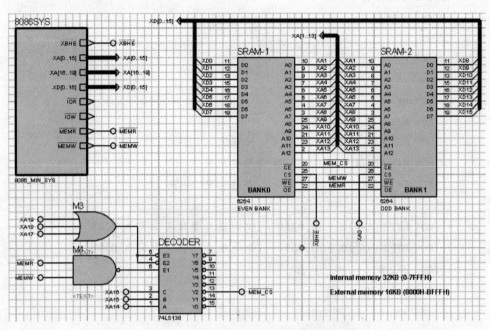

图 3-23　16 位存储器扩充实验电路原理图

表 3-6　16 位存储器扩展实验元件清单

元件名称	所属类	功能说明
6264	Memory ICs	8K×8 SRAM 芯片
74LS138	TTL 74 series	3-8 译码器
NAND_2	Modeling Primitives	两输入与非门
OR_3	Modeling Primitives	三输入或门

电路原理图中的 8086 模块直接使用 3.2.1 节中已建立的 8086.DSN,步骤如下:

①将 8086.DSN 复制一个副本,重命名为 lab2.DSN。

②启动 Proteus ISIS。单击工具栏上的"打开设计"按钮,选择 lab2.DSN。

③绘制原理图中的其余电路并保存设计文件。

(2)编写程序

将存储器的 BANK0(偶地址存储体)全部填入 0AAH,BANK1(奇地址存储体)全部填入 55H。注意:如前所述,程序用 INT 3 指令作为最后一条指令。

参考程序如下:

```
.model small
.8086
.stack
.code
.startup
    MOV AX, 0
    MOV DS, AX              ;段地址 = 0
    MOV BX, 8000H           ;存储器首地址
    MOV CX, 2000H           ;每个存储体 8K 字节
LP:
    MOV BYTE PTR[BX + 0],0AAH   ;偶地址存储体全部写入 0AAH
    MOV BYTE PTR[BX + 1],055H   ;奇地址存储体全部写入 055H
    ADD BX, 2
    LOOP LP
    INT 3H                 ;停止在 INT 3H
end
```

输入完后,将源程序保存为 lab2.asm。

(3)设置仿真环境

按表 3-7 设置 8086 模型属性。按 3.1.3 节中介绍的方法设置编译环境。

表 3-7 设置 8086 模型的属性

属性	属性值
是否使用外部时钟(External Clock)	No
时钟频率(Clock Frequency)	1500kHz
内部存储器起始地址(Internal Memory Start Address)	0x00000
内部存储器容量(Internal Memory Size)	0x10000
程序载入段(Program Loading Segment)	0x0200
程序运行入口地址(BIN Entry Point)	0x02000
是否在 INT 3 处停止(Stop on Int3)	Yes

(4)按 3.1.3 节中介绍的方法添加源程序并进行编译。

(5)仿真运行,观察存储器的内容。

点击仿真开始按钮,待仿真暂停后,将菜单中的"调试"→"Memory Contents-SRAM-1"和"Memory Contents-SRAM-1"前面打上勾(单击选项即可),打开存储器观察窗口,观察存储器中的内容是否正确。

7.实验习题

(1)修改程序:

①使写入的内容为 0~127,然后又是 0~127,…,直到全部 16KB 都写入按此规律变化的数据。

②进行 16 位存储器写入操作,每次写入的内容为两个字符"CD",直到全部 16KB 都写入同样的数据。

(2)将程序改为非规则字写入,再单步仿真运行,观察存储器中数据的变化,分析规则字和非规则字在存储器中的存放规律。

(3)再添加 2 片 6264 芯片,地址范围为 C000H~FFFFH。编程将偶数地址单元全部填入字符"E",奇数地址单元全部填入字符"Z"。

8.实验报告要求

(1)将绘制的实验电路原理图的屏幕截图粘贴到实验报告中;

(2)将存储器观察窗口的屏幕截图粘贴到实验报告中;

(3)给出能够正确运行的实验源程序和实验习题的源程序;

(4)在实验中碰到的主要问题是什么?你是如何解决的?

(5)实验小结、体会和收获。

3.2.3 实验 14:基于 8253 的方波发生器实验

1.实验目的

(1)了解 8253 可编程定时计数器芯片的工作原理。

(2)掌握 8253 的应用。

2.实验设备

安装有 Proteus 7.10pro 的 PC 微机一台。

3.实验预习要求

(1)复习 8253 的工作原理和编程方法。

(2)事先编写实验中的汇编语言源程序。

4. 实验内容

用 8253 设计一个方波发生器，三个计数通道的输出频率分别为 100Hz、10Hz、1Hz。

5. 实验原理

8253 定时计数器有 6 种工作方式，其中方式 3 为方波发生器方式，能够输出一定频率的连续方波。所以，将 8253 的三个通道均按方式 3 进行初始化，即可使三个计数通道输出要求的方波波形。三个通道输出方波的频率指定如下：

通道 0：100Hz

通道 1：10Hz

通道 2：1Hz

为了观察输出的方波波形，实验中使用了虚拟示波器。

6. 实验说明及步骤

本实验中，8253 的输入时钟频率为 100kHz。若三个通道的时钟输入均为 100kHz，则所需的计数初值 N 分别为：

通道 0：$N_0 = 100kHz/100Hz = 1000$

通道 1：$N_1 = 100kHz/10Hz = 10000$

通道 2：$N_2 = 100kHz/1Hz = 100000$

可以看出，由于 8253 每个计数通道的最大分频值为 65536，如果采用单级计数，则无法实现 1Hz 的输出。为此，实验电路采用了多通道级联方式，将 8253 通道 1 的输出脉冲（10Hz）作为通道 2 的时钟输入，这时通道 2 的计数初值 N_2 应为 $10Hz/1Hz = 10$。

下面是三个计数通道的初始化参数：

通道 0：$N_0 = 1000$，CW = 00110110B（36H）

通道 1：$N_1 = 10000$，CW = 01110110B（76H）

通道 2：$N_2 = 10$，CW = 10110110B（B6H）

为了编程方便，三个通道的初始化序列用宏（见后面的源程序）来实现。

（1）实验电路原理图如图 3-24 所示。原理图中使用的元件清单见表 3-8（不包括 8086 模块和 I/O 地址译码模块中的元件）。

表 3-8　8253 定时计数器实验元件清单

元件名称	所属类	功能说明
8253A	Microprocessor ICs	可编程定时计数器

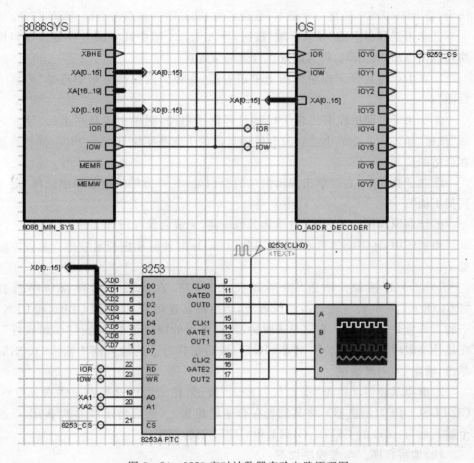

图 3-24 8253 定时计数器实验电路原理图

电路原理图中 8253 的 ♯CS 引脚连接到 I/O 地址译码模块的输出引脚 ♯IOY0，因此 8253 的地址为 1000H、1002H、1004H 和 1006H。这里，8253 的地址均为偶数地址的原因如下：

由于 8086 是一个 16 位微处理器，即它的数据总线宽度为 16 位。但 8253 是一个 8 位芯片，它只有 8 根数据线，因此只能使用 8086 的 16 位数据线中的低 8 位。从 3.2.2 节中我们了解到，8086 访问存储器或访问外设接口时，偶数地址对应的是数据总线的低 8 位，奇数地址对应的是数据总线的高 8 位。这意味着 8253 的 I/O 地址只能是偶数地址。因此原理图中 8253 的 A1、A0 引脚应与地址总线的 A2、A1 相连，地址总线的 A0 不使用。

绘制电路原理图的步骤如下：

①电路原理图中的 8086 模块直接使用 3.2.1 节中已建立的 8086.DSN。方

法为:将 8086. DSN 复制一个副本,重命名为 lab3. DSN。双击 lab3. DSN 打开。

②单击工具栏上的"导入区域"按钮,导入 3.2.1 节中建立的 I/O 地址译码模块外框图 IOS_M. SEC,将其放置在合适的位置;

③在 I/O 地址译码模块框图上单击右键,在弹出的快捷菜单中选择"转到子页面";

④如果子页面中没有出现 I/O 地址译码子电路,则单击工具栏上的"导入区域"按钮,导入 3.2.1 节中建立的 I/O 地址译码子电路模块 IOS_S. SEC,将其放置在合适的位置;

⑤在子页面中,右键单击编辑窗口的空白处,在弹出的快捷菜单中选择"退出到父页面";

⑥绘制原理图中的 8253 电路和其他电路,完成后保存设计文件。

原理图中,还需要放置 8253 所需的 100kHz 时钟源和虚拟示波器。放置方法如下:

1)8253 时钟源。单击"激励源模式"按钮,在元器件选择窗口中选择"DCLOCK",将其放置在合适的位置上,然后将其连接到 8253 的 CLK0 和 CLK1 引脚。放置并连好线后,右键单击时钟源,在弹出的快捷菜单中选择"编辑属性",在属性编辑对话框中,选中"频率(Hz)",然后在其右边的输入框中输入"100K",单击"确定"关闭对话框。

2)虚拟示波器。单击"虚拟仪器模式"按钮,在元器件选择窗口中选择"OSCILLOSCOPE"(示波器),将其放置在合适的位置上,然后将示波器的 A、B、C 三个输入端与 8253 的 OUT0、OUT1 和 OUT2 引脚连接。

(2)编写程序。参考程序如下:

```
; ==============================
set8253 macro counter,cw,n
        mov dx, 1006h        ;设置工作方式
        mov al, cw
        out dx, al
        mov dx, counter      ;设置计数初值
        mov ax, n
        out dx, al
        mov al, ah
        out dx, al
        endm
.model small
```

```
.8086
.stack
.data
.code
.startup
set8253 1000h,00110110B,1000        ;设置通道 0
set8253 1002h,01110110B,10000       ;设置通道 1
set8253 1004h,10110110B,10          ;设置通道 2
jmp $        ;程序在此处原地踏步,以便于观察输出波形
end
;===============================
```

输入完后,将源程序保存为 lab3.asm。

(3)设置仿真环境

按表 3-9 设置 8086 模型属性。按 3.1.3 节内容设置编译环境。

表 3-9 设置 8086 模型的属性

属　性	属性值
是否使用外部时钟(External Clock)	No
时钟频率(Clock Frequency)	1500kHz
内部存储器起始地址(Internal Memory Start Address)	0x00000
内部存储器容量(Internal Memory Size)	0x10000
程序载入段(Program Loading Segment)	0x0200
程序运行入口地址(BIN Entry Point)	0x02000
是否在 INT 3 处停止(Stop on Int3)	Yes

(4)按 3.1.3 节中介绍的方法添加源程序并进行编译。

(5)仿真运行,观察 8253 的输出波形。

7. 实验习题

修改电路,通过一个开关控制波形的产生,按下时 8253 开始计数,弹起时停止计数。(提示:用开关控制 8253 的 GATE 端。)

8. 实验报告要求

(1)将绘制的实验电路原理图的屏幕截图粘贴到实验报告中;

(2)将仿真运行的屏幕截图粘贴到实验报告中;

(3)给出实验源程序和实验习题的电路图;

(4)在实验中碰到的主要问题是什么?你是如何解决的?

(5)实验小结、体会和收获。

3.2.4　实验 15:基于 8255 的小键盘接口实验

1. 实验目的

(1)了解 8255 可编程并行接口芯片的工作原理。

(2)掌握 8255 的应用。

2. 实验设备

安装有 Proteus 7.10pro 的 PC 微机一台。

3. 实验预习要求

(1)复习 8255 的工作原理和编程方法。

(2)复习矩阵式键盘的按键识别方法。

(3)预先编写好实验中的汇编语言源程序。

4. 实验内容

用 8255 设计一个 4×4 矩阵键盘的接口,将按键的键值显示在 7 段数码管上。

5. 实验原理

(1)8255 可编程并行接口芯片具有 3 个 8 位并行接口(A 口、B 口和 C 口),每个接口均可以设置为输入或输出。C 口的高 4 位和低 4 位更可以设置为不同的传输方向。8255 有三种工作方式:方式 0 为基本方式,方式 1 为选通方式,方式 2 为双向方式。

本实验中,8255 工作在方式 0,A 口用作 7 段数码管的接口,C 口用作矩阵式键盘的接口。

(2)独立式按键的接口和识别比较简单,但键数较多时会占用较多的 I/O 端口资源,因此只适用于按键较少的应用场合。为减少 I/O 端口资源的占用,在实际应用中当按键多于 8 个时往往采用矩阵式键盘,但按键的识别要稍微复杂一些。

识别矩阵式键盘按键的常用方法有扫描法和反转法。本实验采用了反转法来识别按键的键值。反转法键码识别的原理是:

①首先设置从行线输出、从列线输入;

②在行线上输出全 0,然后读入列线状态,如果是全 1,表示无按键按下;

③如果状态不是全 1,表示有按键按下,保存此状态;

④将行线、列线的输入输出方向反转,再从列线输出保存的状态,从行线读入;

⑤将步骤3保存的状态与步骤4保存的状态合并;

⑥用合并后的状态查表即可得出按键的键值(编码)。

6. 实验说明及步骤

(1)实验电路原理图如图 3-25 所示。原理图中使用的元件清单见表 3-10 (不包括 8086 模块和 I/O 地址译码模块中的元件)。

表 3-10   8255 并行接口实验元件清单

元件名称	所属类	功能说明
8255A	Microprocessor ICs	可编程并行接口
BUTTON	Switches & Relays	自弹起按键
7SEG—COM—CATHODE	Optoelectronics	7 段数码管(共阴极)
RES	Resistors	电阻

电路原理图中 8255 的 #CS 引脚连接到 I/O 地址译码模块的输出引脚 #IOY0,因此 8255 的地址为 1000H、1002H、1004H 和 1006H(与 8253 一样,8255 也是一个 8 位接口芯片,因此其地址也都为偶数)。

根据电路原理图中的连线方法,可得到按键与键值的对应关系,如表 3-11 所示。根据读到的键码查找相应的 7 段码的方法为:在程序中设置两个表:键码表和 7 段码表。用读取的键码搜索键码表,得到其索引值,然后用索引值到 7 段码表中读取相应的 7 段码。

表 3-11   按键与键值的对应关系表

键 值	键 码	7 段显示码(共阴极)
0	0111 1110(7EH)	3FH
1	0111 1101(7DH)	06H
2	0111 1011(7BH)	5BH
3	0111 0111(77H)	4FH
4	1011 1110(BEH)	66H
5	1011 1101(BDH)	6DH
6	1011 1011(BBH)	7DH
7	1011 0111(B7H)	07H
8	1101 1110(DEH)	7FH
9	1101 1101(DDH)	6FH

键值	键码	7 段显示码（共阴极）
A	1101 1011(DBH)	77H
B	1101 0111(D7H)	7CH
C	1110 1110(EEH)	39H
D	1110 1101(EDH)	5EH
E	1110 1011(EBH)	79H
F	1110 0111(E7H)	71H

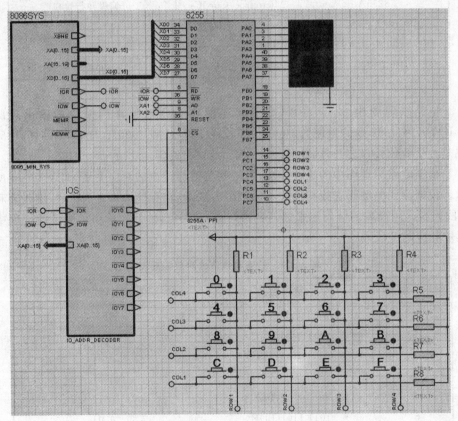

图 3－25　8255 并行接口实验电路原理图

绘制电路原理图的步骤如下：

①电路原理图中的 8086 模块直接使用 3.2.1 节中已建立的 8086.DSN。方法为：将 8086.DSN 复制一个副本，重命名为 lab4.DSN。然后双击 lab4.DSN 在

ISIS 中打开它。

②单击工具栏上的"导入区域"按钮，导入 3.2.1 节中建立的 I/O 地址译码模块外框图 IOS_M.SEC，将其放置在合适的位置；

③在 I/O 地址译码模块框图上单击右键，在弹出的快捷菜单中选择"转到子页面"；

④如果子页面中没有出现 I/O 地址译码子电路，则单击工具栏上的"导入区域"按钮，导入 3.2.1 节中建立的 I/O 地址译码子电路模块 IOS_S.SEC，将其放置在合适的位置；

⑤在子页面中，右键单击编辑窗口的空白处，在弹出的快捷菜单中选择"退出到父页面"；

⑥用上述同样的方法导入 4×4 小键盘模块电路图 KEYPAD.SEC；

⑦绘制原理图中的 8255 电路和其他电路，完成后保存设计文件。

(2)编写程序。参考程序如下：

```
pout macro port_addr, contents
    mov dx, port_addr
    mov al, contents
    out dx, al
    endm
getk macro port_addr, mask, target
    mov dx, port_addr
    in  al, dx          ;读入键码
    and al, mask
    cmp al, mask        ;有键按下？
    jz  target          ;无键按下则转 target
    endm
.model small
.8086
.stack
.code
.startup
k0:
    pout 1006h,81h      ;设置 C 口高 4 位(行线)输出,低 4 位(列线)输入
k1:
    pout 1000h,dcode    ;显示键值
```

```
    pout 1004h,0          ;行线输出全 0
    getk 1004h,0fh,k1     ;读取键码低 4 位,无按键则转 k1
    mov ah, al            ;保存键码低 4 位
    pout 1006h,88h        ;设置 C 口高 4 位(行线)输入,低 4 位(列线)输出
    pout 1004h,ah         ;键码低 4 位输出
    getk 1004h,0f0h,k0    ;读取键码高 4 位,无按键(出错)则重新开始
    or  al, ah            ;拼接得到 8 位键码
    mov si, 0             ;键值索引
    mov cx, 16            ;共 16 个键
k2:
    cmp al, kcode[si]     ;搜索键码
    jz  k3
    inc si
    loop k2
    jmp k0                ;未找到则认为无键按下
k3:
    mov al, seg7[si]      ;根据键码取 7 段码
    mov dcode, al         ;保存键码的 7 段码用于显示
    jmp k0
.data
    kcode db 07eh,07dh,07bh,077h,0beh,0bdh,0bbh,0b7h
          db 0deh,0ddh,0dbh,0d7h,0eeh,0edh,0ebh,0e7h
    seg7  db 03fh,006h,05bh,04fh,066h,06dh,07dh,007h
          db 07fh,06fh,077h,07ch,039h,05eh,079h,071h
    dcode db 0            ;用于存放待显示键码的缓冲区
end
;================================
```

输入完后,将源程序保存为 lab4.asm。

(3)设置仿真环境(同 3.2.3 节)。

(4)按 3.1.3 节中介绍的方法添加源程序并进行编译。

(5)仿真运行,点击 KEYPAD 上的按键观察 7 段数码管的显示。

7. 实验习题

(1)修改程序,使用扫描法确定键值。

(2)修改电路,改用 8 位 7 段数码管显示按键键码。程序设计提示:设置一个

能够存放 8 个键码的缓冲区队列,每得到一个键码,就将其加入队列尾部。队列溢出时,挤掉队列头部的键码。显示时将队列内容全部显示,显示完后再读键值。队列初值为全 0。(注意:往 8 位 7 段数码管写入段码前应先关闭显示:即先输出全 1 的位码,然后输出段码,最后再输出正常的位码)

8. 实验报告要求

(1)将绘制的实验电路原理图的屏幕截图粘贴到实验报告中;

(2)将仿真运行的屏幕截图粘贴到实验报告中;

(3)给出实验源程序、程序流程图和实验习题的电路图;

(4)在实验中碰到的主要问题是什么? 你是如何解决的?

(5)实验小结、体会和收获。

3.2.5 实验 16:基于 ADC0808 的数字电压表实验

1. 实验目的

了解模/数转换的原理,掌握 ADC0808 芯片的应用及其接口电路的设计。

2. 实验设备

安装有 Proteus 7.10pro 的 PC 微机一台。

3. 实验预习要求

(1)复习数模转换的原理,ADC0808 的应用和数据采集方法。

(2)事先编写实验中的汇编语言源程序。

4. 实验内容

用 ADC0808 设计一个 3 位数字电压表,测量范围 0~5V,测量精度精确到小数后 2 位。

5. 实验原理

ADC0808 与 ADC0809 类似,都是具有 8 个模拟输入的逐次逼近型 8 位 A/D转换芯片。实验中使用 ADC0808 连续检测可变电阻两端的电压值,将采集到的电压值显示在 7 段数码管上,同时使用 ISIS 提供的虚拟电压表测量该电压值,以进行对比。

本实验使用 8255 作为 4 位 7 段数码管的接口。8255 的 B 口用来输出段码,C口的高 4 位用来选择当前显示的位。

6. 实验说明及步骤

实验步骤如下:

(1)实验电路原理图如图 3-26 所示。原理图中使用的元件清单见表 3-12（不包括 8086 模块和 I/O 地址译码模块中的元件）。

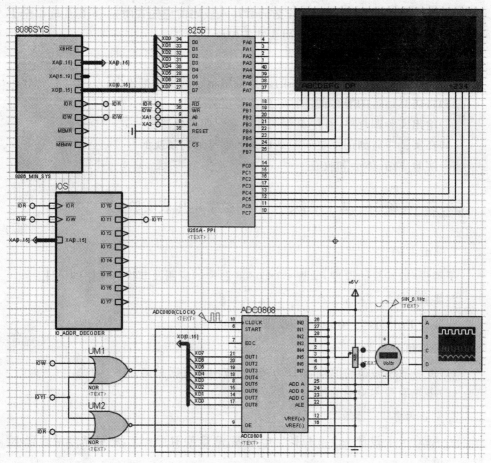

图 3-26   ADC0808 模/数转换实验电路原理图

表 3-12   ADC0808 模/数转换实验元件清单

元件名称	所属类	功能说明
ADC0808	Data Converters	8 通道 8 位 A/D 转换器
8255A	Microprocessor ICs	可编程并行接口
NOR_2	Modeling Primitives	2 输入或门
POT—HG	Resistors	可变电阻器
7SEG—MPX4—CC—BLUE	Optoelectronics	4 位 7 段数码管（共阴极）

电路原理图中主要器件的连接说明如下：

ADC0808 的输入时钟脉冲使用 ISIS 内置的数字脉冲激励源，频率为 100kHz。

要测量的模拟电压固定地从 ADC0808 模拟通道 0(IN0)输入，所以将通道地址引脚直接接地即可。程序采用软件延时方式读取转换结果，因此 EOC 引脚不需要连接。模拟输入信号引自可变电阻的滑动端，变化范围为 0～5V。如果要检测电路对连续变化信号的处理能力，在模拟输入端上还可以叠加一个正弦激励信号。模拟输入端上连接的虚拟电压表用来作为对比使用。I/O 地址译码模块的输出引脚 IOY1 作为 ADC0808 的启动地址(配合以 IOW 信号)和读出地址(配合以 IOR 信号)，因此 ADC0808 的地址为 1010H。

8255 作为 4 位 7 段数码管的接口。B 口用来输出段码，C 口的高 4 位用来选择当前显示的位。因为电压值不会超过 10V，所以可以将电压值的个位、十分位和百分位显示在 4 位 7 段数码管右边 3 位上，最左面一位空着不用(当然也可以显示在 4 位 7 段数码管的左面 3 位上，最右面一位不用。这只需对控制程序稍作修改即可)。I/O 地址译码模块的输出引脚 IOY0 作为 8255 的片选信号，因此 8255 的地址为 1000H、1002H、1004H 和 1006H。

绘制电路原理图的步骤如下：

①电路原理图中的 8086 模块直接使用 3.2.1 节中已建立的 8086.DSN。方法为：将 8086.DSN 复制一个副本，重命名为 lab5.DSN。双击 lab5.DSN 打开。

②单击工具栏上的"导入区域"按钮，导入 3.2.1 节中建立的 I/O 地址译码模块外框图 IOS_M.SEC，将其放置在合适的位置；

③在 I/O 地址译码模块框图上单击右键，在弹出的快捷菜单中选择"转到子页面"；

④如果子页面中没有出现 I/O 地址译码子电路，则单击工具栏上的"导入区域"按钮，导入 3.2.1 节中建立的 I/O 地址译码子电路模块 IOS_S.SEC，将其放置在合适的位置；

⑤在子页面中，右键单击编辑窗口的空白处，在弹出的快捷菜单中选择"退出到父页面"；

⑥绘制原理图中的 8255、显示屏、ADC0808 等其他电路，完成后保存设计文件。

⑦放置数字时钟源并将其频率设置为 100kHz，放置方法见 3.2.3 节。连接数字时钟源到 ADC0809 的时钟输入端。

⑧放置虚拟直流电压表并连接到 ADC0809 的模拟输入端，放置方法与模拟示波器类似(选择 DC VOLTMETER)。

(2)编写程序。参考程序如下：

```
;==============================
I8255_b         = 1002h
I8255_c         = 1004h
I8255_ct        = 1006h
adc0808         = 1010h
inte            = 11011111b      ;个位
fra1            = 10111111b      ;十分位
fra2            = 01111111b      ;百分位
with_dot        = 80h
no_dot          = 00h
clear macro     ;清屏
    mov dx,I8255_c
    mov al,0ffH
    out dx,al
    endm
disp macro dot,location          ;显示 AL 中的内容(7 段码)
    or al, dot                   ;本位数后是否显示小数点
    mov dx, I8255_b
    out dx, al
    mov al, location
    mov dx, I8255_c
    out dx, al
    endm
bin2seg7 macro num               ;将 num 转换为 7 段码(结果在 al 中)
    mov al, num
    lea bx, seg7
    xlat
    endm
.model small
.8086
.stack
.code
.startup
```

```
        mov dx, I8255_ct           ;初始化 8255
        mov al, 80h
        out dx, al
        lea si, ddata
forever:
        mov dx, adc0808            ;启动 A/D 转换
        out dx, al
        mov cx, 10                 ;显示采样比 = 10(每轮显示 10 次采样 1 次)
display:
        clear                      ;显示个位
        bin2seg7 [si]
        disp with_dot,inte
        clear                      ;显示十分位
        bin2seg7 [si + 1]
        disp no_dot,fra1
        clear                      ;显示百分位
        bin2seg7 [si + 2]
        disp no_dot,fra2
        loop display
        mov ax, 0
        mov dx, adc0808            ;采样值 x→al
        in al, dx
        ;电压值 = x/51 = x0.x1x2/51 = [x0/51] + [0.x1/5.1] + [0.0x2/
                0.51]
        cwd
        mov cx, 51                 ;计算个位 = x/51
        div cx
        mov [si], al
        mov ax, dx
        mov bx, 10                 ;计算十分位 = (余数 * 10)/51
        mul bx
        div cx
        mov [si + 1],al
        mov ax, dx                 ;计算百分位 = 余数/5
```

```
        mov bl, 5
        div bl
        mov [si+2],al
        jmp forever
.data
    seg7    db 3fh,06h,5bh,4fh,66h,6dh,7dh,07h,7fh,6fh,77h,7ch,39h,
    5eh,79h,71h
    ddata db 0,0,0
end
;==============================
```

输入完后,将源程序保存为 lab5.asm。

(3)设置仿真环境

按表 3-13 设置 8086 模型属性。按 3.1.3 节中介绍的方法设置编译环境。

表 3-13 设置 8086 模型的属性

属 性	属性值
是否使用外部时钟(External Clock)	No
时钟频率(Clock Frequency)	2000kHz
内部存储器起始地址(Internal Memory Start Address)	0x00000
内部存储器容量(Internal Memory Size)	0x10000
程序载入段(Program Loading Segment)	0x0200
程序运行入口地址(BIN Entry Point)	0x02000
是否在 INT 3 处停止(Stop on Int3)	Yes

(4)按 3.1.3 节中介绍的方法添加源程序并进行编译。

(5)仿真运行,调节可变电阻器,观察数码管上的显示和模拟电压表的显示。

(6)在模拟输入端加上一个正弦波激励源(频率 0.1Hz),再重新仿真运行,观察结果。

7. 实验习题

(1)修改程序,使测量精度为小数后 3 位。

(2)修改电路和程序,增加一个红色发光二极管和一个黄色发光二极管,当输入电压大于 4V 时点亮红色发光二极管,当输入电压小于 1V 时点亮黄色发光二极管。

（3）（选做）修改电路和程序，增加条形发光二极管组（LED-BARGRAPH），使条形发光二极管组的点亮个数随输入电压的变化而变化。

（4）（选做）修改电路和程序，使用 ADC0808 的 EOC 信号决定读取数据的时刻（可以查询 EOC 状态，也可以用 EOC 作为非屏蔽中断 NMI 请求信号）。

8. 实验报告要求

（1）将绘制的实验电路原理图的屏幕截图粘贴到实验报告中；

（2）将仿真运行的屏幕截图粘贴到实验报告中；

（3）给出实验源程序；

（4）给出实验习题的电路原理图、源程序和仿真运行的屏幕截图；

（5）在实验中碰到的主要问题是什么？你是如何解决的？

（6）实验小结、体会和收获。

3.2.6 实验 17：基于 DAC0832 的波形发生器实验

1. 实验目的

（1）了解数/模转换的原理，掌握 DAC0832 芯片的应用及其接口电路的设计。

（2）掌握使用计算机产生常用波形的方法。

2. 实验设备

安装有 Proteus 7.10pro 的 PC 微机一台。

3. 实验预习要求

（1）复习数模转换的原理和 DAC0832 的应用方法。

（2）事先编写实验中的汇编语言源程序。

4. 实验内容

利用 DAC0832 设计一个信号发生器，要求能够产生固定频率、固定幅度的方波、锯齿波和三角波。

5. 实验原理

（1）模拟信号的产生

利用 D/A 转换器 DAC0832，可以将 8 位数字量转换成模拟量输出：数字量输入的范围为 0～255 之间，对应的模拟量输出的范围在 −VREF 到 ＋VREF 之间。根据这一特性，我们可以在程序中输出按某种规律变化的数字量，即可以在 DAC0832 的输出端产生模拟波形。

例如，要产生幅度为 0～5V 的锯齿波，只要将 DAC0832 的 − VREF 接地，

＋VREF接＋5V,8086 首先输出 00H,再输出 01H、02H,直到输出 FFH,再输出 00H,依此循环,这样在 DAC0832 的 V_{out} 端就可以产生在 0～5V 之间变化的锯齿波。

（2）信号频率控制

若要调节信号的频率,只需改变输出的两个数据之间的延时即可。调整延时时间,即可调整输出信号的频率。

（3）波形切换

利用选择开关来选择波形,并通过 LED 指示。

（4）信号幅度控制

DAC0832 的模拟量输出范围为－VREF 到＋VREF 之间。所以,只要调节 VREF 即可达到调节波形幅度的目的。

6.实验说明及步骤

实验步骤如下:

（1）实验电路原理图如图 3－27 所示。原理图中使用的元件清单见表 3－14（不包括 8086 模块和 I/O 地址译码模块中的元件）。

表 3－14　ADC0808 模/数转换实验元件清单

元件名称	所属类	功能说明
ADC0832	Data Converters	8 位 D/A 转换器
74LS244	TTL 74 series	8 位二态总线缓冲/驱动器
1458	Operational Amplifier	运算放大器
RES	Resistors	电阻(1k)
LED	Optoelectronics	发光二极管(红色)
SW－ROT－3	Switches & Relays	单刀三掷选择开关

电路原理图中主要器件的连接说明如下:

为简化电路连接,DAC0832 采用了单缓冲方式,并且将控制引脚 ILE 固定接＋5V 电源,WR2 和 XFER 固定接地,只使用 CS 和 WR1 进行单缓冲写入控制。

电路原理图中的运算放大器按双极性输出连接,输出电压范围为－5～＋5V。

波形选择使用了一个单刀三掷波段开关,按图示连接,三种波形对应的二进制编码分别为:三角波 001,锯齿波 010,方波 100。

I/O 地址译码模块的输出引脚 IOY0 作为 ADC0832 的写入地址(配合以 IOW 信号),因此 ADC0832 的地址为 1000H。I/O 地址译码模块的输出引脚 IOY1 作为 74LS244 的允许信号,因此 74LS244 的地址为 1010H。

绘制电路原理图的步骤如下:

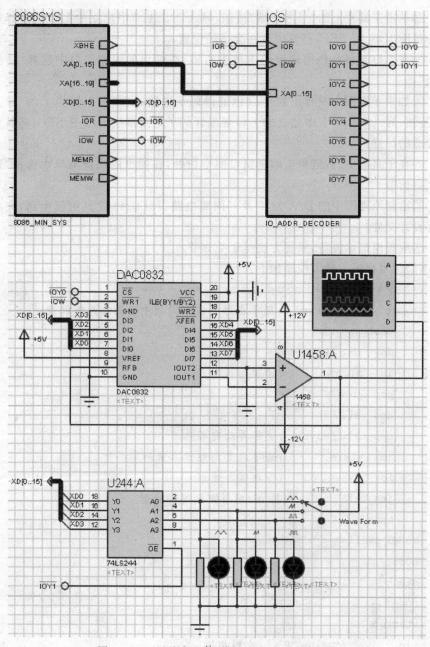

图 3-27　DAC0832 数/模转换实验电路原理图

①电路原理图中的 8086 模块直接使用实验 3.2.1 中已建立的 8086.DSN。方法为:将 8086.DSN 复制一个副本,重命名为 lab6.DSN。双击 lab6.DSN 打开。

②单击工具栏上的"导入区域"按钮,导入 3.2.1 节中建立的 I/O 地址译码模块外框图 IOS_M. SEC,将其放置在合适的位置;

③在 I/O 地址译码模块框图上单击右键,在弹出的快捷菜单中选择"转到子页面";

④如果子页面中没有出现 I/O 地址译码子电路,则单击工具栏上的"导入区域"按钮,导入 3.2.1 节中建立的 I/O 地址译码子电路模块 IOS_S. SEC,将其放置在合适的位置;

⑤在子页面中,右键单击编辑窗口的空白处,在弹出的快捷菜单中选择"退出到父页面";

⑥绘制原理图中的 DAC0832 及其附属电路、74LS244 及其附属电路,完成后保存设计文件。

⑦放置模拟示波器,放置方法见 3.2.3 节。

(2)编写程序。参考程序如下:

```
;===============================
change   macro where      ;用于在每个波形周期中检测波形选择开关
     push dx
     mov   dx, 1010h
     in   al, dx          ;读波形选择开关
     pop   dx
     and  al, 07h
     cmp  al, cwave        ;波形要改变否?
     jz   where            ;若不改变则继续本波形
     mov  cwave, al        ;否则保存波形
     jmp  m1               ;转 m1 判断输出哪种波形
     endm
.model small
.8086
.stack
.code
.startup
main:   mov  cvalue, 0    ;波形初值
        mov  dx, 1010h
        in   al, dx
        and  al, 07h
```

```
            mov   cwave, al      ;保存所选波形
m1:         cmp   al, 1          ;选择三角波?
            jnz   m2
            jmp   tri
m2:         cmp   al, 2          ;选择锯齿波?
            jnz   m4
            jmp   saw
m4:         cmp   al, 4          ;选择方波?
            jnz   main
            jmp   sqr
;========= 锯齿波 =========;
saw:        mov   dx, 1000h
saw1:       mov   al, cvalue
            out   dx, al
            dec   cvalue
            call delay
            change saw1          ;检测波形选择开关
            jmp   saw1
;========= 三角波 =========;
tri:        mov   dx, 1000h
tri1:       mov   al, cvalue
            out   dx, al
            call delay
            change tri2          ;检测波形选择开关
tri2:       inc   cvalue
            jnz   tri1
            dec   cvalue
tri3:       mov   al, cvalue
            out   dx, al
            call delay
            change tri4          ;检测波形选择开关
tri4:       dec   cvalue
            jnz   tri3
            jmp   tri1
```

第 3 章 硬件仿真实验篇

第 3 章 硬件仿真实验篇

121

```
; ======== 方波 ========= ;
sqr:     mov  dx, 1000h
sqr1:    mov  al, cvalue
         out  dx, al
         not  cvalue
         mov  cx, 256
sqr2:    call delay
         loop sqr2
         change sqr1        ;检测波形选择开关
         jmp  sqr1
;==============================
delay:   push cx
         mov  cx, dvalue
         loop $
         pop  cx
         ret
.data
   cvalue db  0   ;当前输出值
   cwave  db  1   ;当前输出波形
   dvalue db  2   ;当前延时参数
end
;==============================
```

输入完后,将源程序保存为 lab6.asm。

(3)设置仿真环境

按表 3-15 设置 8086 模型属性。按 3.1.3 节中介绍的方法设置编译环境。

表 3-15　设置 8086 模型的属性

属　性	属性值
是否使用外部时钟（External Clock）	No
时钟频率（Clock Frequency）	2000kHz
内部存储器起始地址（Internal Memory Start Address）	0x00000
内部存储器容量（Internal Memory Size）	0x10000
程序载入段（Program Loading Segment）	0x0200
程序运行入口地址（BIN Entry Point）	0x02000
是否在 INT 3 处停止（Stop on Int3）	Yes

（4）按 3.1.3 节中介绍的方法添加源程序并进行编译。

（5）仿真运行，观察模拟示波器的波形显示。改变波段开关的位置（点击其上、下方的小圆点）观察波形变化。

7. 实验习题

修改程序：

（1）使产生的波形频率和幅度可调（参考下述方法）

调节波形频率：增加 4 个开关和一个 74LS244，4 个开关分别选择 4 种频率，在程序中读入开关状态，根据开关状态修改程序中的 dvalue 变量值。

调节波形幅度：修改 DAC0832 的 VREF 引脚的连接：增加一个可变电阻器，两个固定连接段分别接＋5V 和地线，把 DAC0832 的 VREF 引脚改接到可变电阻器的中间抽头上。仿真时，调节可变电阻器即可改变波形的幅度。

（2）能够产生正弦波波形（可将正弦值预先存入一个表中，程序从表中顺序读出正弦值输出到 DAC8253 即可）。

8. 实验报告要求

（1）将绘制的实验电路原理图的屏幕截图粘贴到实验报告中；

（2）将仿真运行的屏幕截图粘贴到实验报告中；

（3）给出实验源程序和程序流程图；

（4）给出实验习题的电路原理图、流程图、源程序和仿真运行的屏幕截图；

（5）在实验中碰到的主要问题是什么？你是如何解决的？

（6）实验小结、体会和收获。

3.2.7　实验 18：直流电机控制实验

1. 实验目的

（1）了解控制直流电机的基本原理；

（2）掌握控制直流电机转动的编程方法；

（3）了解 PWM 脉宽调制的原理。

2. 实验设备

安装有 Proteus 7,10pro 的 PC 微机一台。

3. 实验预习要求

（1）预习 PWM 脉宽调制的原理。

（2）预先编写好实验中的汇编语言源程序。

4. 实验内容

采用 8255 进行直流电机的转速和方向控制:其中 A 口输出脉宽调制信号(PWM),对电机转速、方向进行控制,B 口输入转速、方向调节按钮状态。

5. 实验原理

(1)PWM 脉宽调制是直流电机调速的常用方法。PWM 的原理是,不是给直流电机提供一个直流电压,而是脉冲电压。

①PWM 脉冲的周期为定值。

②PWM 脉冲的每周期中,高电平时间和低电平时间成一定比例(称为占空比)。只要改变 PWM 脉冲的占空比,就可以实现直流电机的转速调节。例如,用占空比为 90% 和 50% 的 PWM 脉冲来驱动直流电机,前一种情况直流电机转速较快。

③PWM 脉冲的频率一般在 1~200kHz 之间,最低不能小于 10Hz。

(2)本实验中,8255 工作在方式 0,A 口用作 PWM 脉冲输出(PWM 由软件实现),B 口用于输入速度、方向控制按钮的状态。

6. 实验说明及步骤

(1)实验电路原理图如图 3-28 所示。原理图中使用的元件清单见表 3-16(不包括 8086 模块和 I/O 地址译码模块中的元件)。

表 3-16　直流电机控制实验元件清单

元件名称	所属类	功能说明
8255A	Microprocessor ICs	可编程并行接口
2SC2547	Transistors	NPN 晶体管
TIP31	Transistors	NPN 功率晶体管
TIP32	Transistors	PNP 功率晶体管
MOTOR—DC	Electromechanical	直流电机(有惯性和转矩)
BUTTON	Switches & Relays	自弹起按键
RES	Resistors	电阻

根据电路原理图中的连线方法可知,8255 的地址为 1000H、1002H、1004H和 1006H。

绘制电路原理图的步骤如下:

①电路原理图中的 8086 模块直接使用 3.2.1 节中已建立的 8086.DSN。方

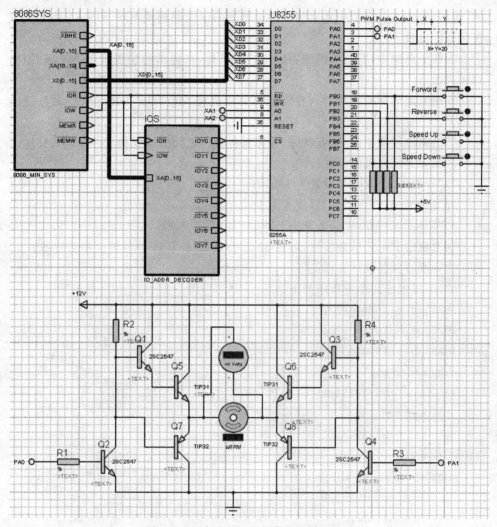

图 3-28　直流电机控制实验电路原理图

法为将 8086. DSN 复制一个副本,重命名为 lab7. DSN,然后双击 lab7. DSN 在 ISIS 中打开。

②单击工具栏上的"导入区域"按钮,导入 3.2.1 节中建立的 I/O 地址译码模块外框图 IOS M. SEC,将其放置在合适的位置;

③在 I/O 地址译码模块框图上单击右键,在弹出的快捷菜单中选择"转到子页面";

④如果子页面中没有出现 I/O 地址译码子电路,则单击工具栏上的"导入区

域"按钮,导入 3.2.1 节中建立的 I/O 地址译码子电路模块 IOS_S. SEC,将其放置在合适的位置;

⑤在子页面中,右键单击编辑窗口的空白处,在弹出的快捷菜单中选择"退出到父页面";

⑥用上述同样的方法导入直流电机驱动电路 MOTOR_DRV. SEC 和按键组电路 BUTTON_PACK. SEC;

⑦绘制原理图中的 8255 电路,并完成各部件之间的连线和元件标签的标注;

⑧设置直流电机的属性:

1)"Zero Load RPM"设置为 10000;

2)"Load/Max Torque%"设置为 1;

3)"Effective Mass"设置为 $5e-10$。

⑨为观察 PWM 脉冲波形,可在 8255 的 PA0 和 PA1 端放置虚拟示波器。

⑩完成后保存设计文件。

(2)编写程序。参考程序如下:

```
i8255ct = 1006h
i8255pa = 1000h
i8255pb = 1002h
outp macro num
    mov  dx, i8255pa
    mov  al, num
    out  dx, al
    endm
rotc macro mask, which
    mov  dx, i8255pb
    in   al, dx
    test al, mask
    je   which
    endm
rots macro
    local rs1,rs2,kup1,kup2
    mov  dx, i8255pb
    in   al, dx
    test al, 4          ;Speed Up 键按下?
    jnz  rs1
```

```
kup1:in    al, dx              ;等待 Speed Up 键弹起
      test al, 4
      jz    kup1
      cmp   dtime1,19          ;最大占空比 19:1 = 0.95
      jz    rs1
      inc   dtime1             ;PWM 调节：x + 1/y - 1
      dec   dtime2             ;x,y 分别为每周期中高、低电平宽度
      jmp   rs2
rs1:  test al, 8               ;Speed Down 键按下?
      jnz   rs2
kup2:in    al, dx              ;等待 Speed Down 键弹起
      test al, 8
      jz    kup2
      cmp   dtime2,19          ;最小占空比 1:19 = 0.05
      jz    rs2
      dec   dtime1             ;PWM 调节：x - 1/y + 1
      inc   dtime2
rs2:
      endm
delay macro times
      mov   cx, times
      loop $
      endm
.model small
.8086
.stack
.code
.startup
      mov   al, 82h            ;初始化 8255：方式 0,A 出,B 入
      mov   dx, i8255ct
      out   dx, al
fwrd:                          ;顺时针
      outp 0feh
      delay dtime1             ;激励时间长度(x)
```

```
        rotc 2,revs        ;调节方向
        rots               ;调节速度
        outp 0ffh
        delay dtime2       ;无激励时间长度(y)
        jmp   fwrd
revs:                      ;递时针
        outp 0fdh
        delay dtime1       ;激励时间长度(x)
        rotc 1,fwrd        ;调节方向
        rots               ;调节速度
        outp 0ffh
        delay dtime2       ;无激励时间长度(y)
        jmp   revs
.data
        dtime1 dw 10       ;x初值(高电平宽度。注意:x+y=定值)
        dtime2 dw 10       ;y初值(低电平宽度)
end
;==============================
```

输入完后,将源程序保存为 lab7.asm。

(3)设置仿真环境(同 3.2.3 节)。

(4)按 3.1.3 节中介绍的方法添加源程序并进行编译。

(5)仿真运行,点击各控制按键,观察 PWM 波形、直流电机的转动方向和速度。

7.实验习题

(选做)修改电路和程序,使 PWM 脉冲频率可以调节。

8.实验报告要求

(1)将绘制的实验电路原理图的屏幕截图粘贴到实验报告中;

(2)将仿真运行的屏幕截图粘贴到实验报告中;

(3)给出实验源程序和流程图;给出实验习题的电路原理图、源程序和仿真运行截图;

(4)在实验中碰到的主要问题是什么? 你是如何解决的?

(5)实验小结、体会和收获。

3.2.8 实验 19：数字温度计实验

1. 实验目的

(1)了解温度检测的基本原理；

(2)掌握温度传感器的使用和编程方法；

2. 实验设备

安装有 Proteus 7.10pro 的 PC 微机一台。

3. 实验预习要求

(1)预习温度传感器 DS18B20 的工作原理、使用和编程方法。

(2)预先编写好实验中的汇编语言源程序。

4. 实验内容

使用温度传感器 DS18B20 设计一个数字温度计，测温范围−55～125℃。用一个四位 7 段数码管显示温度值，用红色 LED 指示加热状态，用绿色 LED 指示保温状态。当温度低于 100℃ 时处于加温状态，到达 100℃ 时进入保温状态，再降到 80℃ 时重新进入加热状态。

采用 8255 作为温度传感器 DS18B20 的接口：其中 B 口和 C 口高四位用于连接 7 段数码管依次显示符号位，百位，十位和个位。PC0 引脚用于连接温度传感器 DS18B20。PA0 和 PA1 用于连接加热和保温状态指示灯，PA2 连接故障指示灯。

5. 实验原理

(1)本实验使用的温度传感器采用了美国 DALLAS 公司生产 DS18B20。它是一个单线数字温度传感器芯片，可直接将被测温度转化为串行数字信号。信息通过单线 BUS 接口实现输入/输出，因此微处理器与 DS18B20 仅需连接一条信号线。通过编程，DS18B20 可以实现 9～12 位精度的温度读数。DS18B20 有 3 个引脚：

DQ：单线 BUS，用于数据输入/输出

VCC：电源

GND：地线

DS18B20 温度测量电路的基本形式如图 3-29 所示。

DS18B20 温度分辨率可通过编程配置，默认为 12 位，如表 3-17 所示。

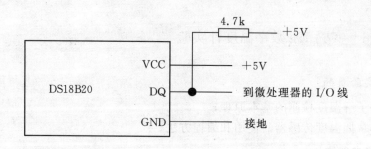

图 3 - 29 DS18B20 温度测量电路

表 3 - 17 DS18B20 温度分辨率

分辨率(位)	最大转换时间(ms)	温度分辨率(℃)
9	93.75	0.5
10	187.5	0.25
11	375	0.125
12(默认)	750	0.0625

从 DS18B20 读出的数据共 16 位,包含符号位和温度值,数据表示为补码。12 位分辨率时的格式如下:

低字节: MSB   LSB

2^3	2^2	2^1	2^0	2^{-1}	2^{-2}	2^{-3}	2^{-4}

高字节: MSB   LSB

S	S	S	S	S	2^6	2^5	2^4

其中:S 为符号位,共 5 位。当符号位为 11111 时,温度为负值。

其他分辨率时,无意义的位为 0。例如,9 位分辨率时,2^{-2}、2^{-3}、2^{-4} 位均为 0。

DS18B20 默认配置为 12 位分辨率。微处理器读回 16 位温度信息后首先判断正负,高 5 位为 1 时,读取的温度为负数,对数据求补即可得到温度绝对值;当前 5 位为 0 时,读取的温度为正数。

基于 DS18B20(以下简称 DS)的数字温度计基本工作流程如下:

①复位 DS。

②写 CCH 到 DS——跳过 ROM。

③写 44H 到 DS——启动转换。

④复位 DS。

⑤写 CCH 到 DS——跳过 ROM。

⑥写 BEH 到 DS——读数据。

⑦从 DS 读回温度低字节。

⑧从 DS 读回温度高字节。

⑨如果高字节的最高 5 位＝11111，则设置负号标志，并对数据求补。

⑩将温度值转换为十进制存入显示缓冲区。

⑪上下限处理。

⑫显示温度。

⑬转 1(永久循环)。

对 DS18B20 更进一步的了解请参阅 DS18B20 数据表(Datasheet)和相关的应用资料,此处不再赘述。

(2)本实验中,采用 8255 作为温度传感器 DS18B20 和显示器件的接口:8255工作在方式 0,B 口和 C 口高四位用于连接 7 段数码管。PC0 引脚作为单线总线传输线,连接到温度传感器 DS18B20 的 DQ 引脚。A 口用于连接加热/保温指示灯和错误指示灯。

6. 实验说明及步骤

(1)实验电路原理图如图 3－30 所示。原理图中使用的元件清单见表 3－18(不包括 8086 模块和 I/O 地址译码模块中的元件)。

表 3－18　数字温度计实验元件清单

元件名称	所属类	功能说明
8255A	Microprocessor ICs	可编程并行接口
7SEG-MPX4-CA-BLUE	Optoelectronics	四位 7 段数码管
DS18B20	Data Convertors	温度传感器
LED-RED	Optoelectronics	发光二极管(红色)
LED-GREEN	Optoelectronics	发光二极管(绿色)
RES	Resistors	电阻

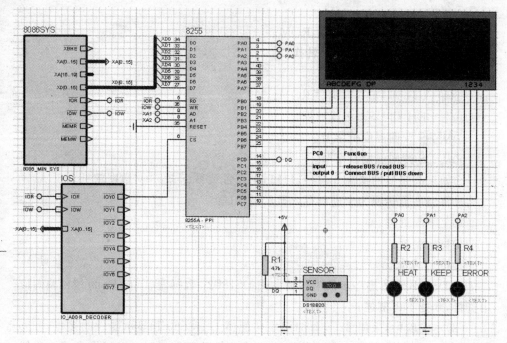

图 3-30　数字温度计实验电路原理图

电路原理图中 8255 的地址为 1000H、1002H、1004H、1006H。

绘制电路原理图的步骤如下：

①电路原理图中的 8086 模块直接使用 3.2.1 节中已建立的 8086.DSN。方法为将 8086.DSN 复制一个副本，重命名为 lab8.DSN。然后双击 lab8.DSN 在 I-SIS 中打开。

②单击工具栏上的"导入区域"按钮，导入 3.2.1 节中建立的 I/O 地址译码模块外框图 IOS_M.SEC，将其放置在合适的位置；

③在 I/O 地址译码模块框图上单击右键，在弹出的快捷菜单中选择"转到子页面"；

④如果子页面中没有出现 I/O 地址译码子电路，则单击工具栏上的"导入区域"按钮，导入 3.2.1 节中建立的 I/O 地址译码子电路模块 IOS_S.SEC，将其放置在合适的位置；

⑤在子页面中，右键单击编辑窗口的空白处，在弹出的快捷菜单中选择"退出到父页面"；

⑥放置 8255、四位 7 段数码管、温度传感器和指示灯等电路，并完成各部件之间的连线和元件标签的标注；

⑦完成后保存设计文件。

(2)编写程序。参考程序如下：

```
; ==============================================
I8255_a   = 1000h
I8255_b   = 1002h
I8255_c   = 1004h
I8255_ct  = 1006h
loc4      = 01111111b          ;符号位(数码管)
loc3      = 10111111b          ;百位(数码管)
loc2      = 11011111b          ;十位(数码管)
loc1      = 11101111b          ;个位(数码管)
with_dot  = 80h                ;本位要附加显示小数点
no_dot    = 00h                ;本位不附加显示小数点
TH        = 100                ;温度上限(停止加热)
TL        = 80                 ;温度下限(启动加热)
; ==============================================
clear   macro                  ;清显示
        mov dx,I8255_c
        mov al,0ffH
        out dx,al
        endm
bin2seg7 macro num             ;num 转换为 7 段码(结果在 al 中)
        mov al, num
        lea bx, seg7
        xlat
        endm
disp    macro dot,location     ;显示 AL 中的内容(7 段码)
        or  al, dot            ;本位是否附加显示小数点
        mov dx, I8255_b
        out dx, al
        mov al, location
        mov dx, I8255_c
        out dx, al
        endm
```

第 3 章　硬件仿真实验篇

133

```
addc    macro target,dgt        ;一位 BCD 加法,带进位
        mov  al, dgt
        adc  al, target
        aaa
        mov  target, al
        endm
wrtcmd macro command            ;向 DS18B20 写控制命令
        mov  bl, command
        call write_cmd
        endm
readt   macro loca              ;从 DS18B20 读回数据
        call read_tmp
        mov  loca, bl
        endm
thres   macro                   ;温度上下限处理
        push ax
        cmp  ax, TH
        jae  above              ;到达上限
        cmp  ax, TL
        jbe  below              ;到达下限
        jmp  thres1
above:and  istat, 0fch          ;到达上限:保温灯亮,加热灯灭
        or   istat,2
        jmp  thres1
below:and  istat, 0fch          ;到达下限:加热灯亮,保温灯灭
        or   istat,1
thres1:mov  al, istat
        mov  dx, I8255_a
        out  dx, al
        pop  ax
        endm
DQ_hi   macro                   ;释放总线,使总线被拉高
                                ;设置 C 口低 4 位输入,使 PC0 能够输入来自
                                 DS18B20 的数据
```

```
        mov dx, I8255_ct
        mov al, 81h          ;C 口低 4 位设置为输入,其他不变
        out dx, al
        endm
DQ_low macro                 ;连接总线并拉低总线
                             ;设置 C 口低 4 位输出,并拉低 PC0(初始化位
                               传输)
        mov dx, I8255_ct
        mov al, 80h          ;C 口低 4 位输出,其他不变
        out dx, al
        mov al, 0
        out dx, al           ;拉低 PC0,初始化位传输
        endm
delay   macro N              ;延迟(8.5N+5.5)us(8086@3MHz)
                             ;若需延时 T 微秒,则 N=(T-5.5)/8.5
        push  cx             ;5.5us
        mov   cx, N          ;2us
        loop  $              ;(8.5N-6)us
        pop   cx             ;4us
        endm
delay10us macro              ;延时 10us(实际 9us)
        nop                  ; 1.5us*6
        nop
        nop
        nop
        nop
        nop
        endm
;============= 以上为常数和宏过程定义 ================
 model small
.8086
.stack
.code
.startup
```

第 3 章 硬件仿真实验篇

```
        mov dx, I8255_ct        ;初始化 8255
        mov al, 81h             ;方式 0,A、B 口出,C_H 出,C_L 入
        out dx, al
        lea si, tdata
forever:
;=============== 读入温度值 ====================
        call init               ;复位温度传感器
        cmp   stat,0
        jz    ok
        or    istat, 4          ;出错则点亮错误指示灯
        mov   dx,i8255_a
        mov   al,istat
        out   dx,al
        jmp   forever
ok:     wrtcmd 0cch             ;写命令:跳过 ROM
        wrtcmd 044h             ;写命令:启动转换
        call init               ;复位温度传感器
        wrtcmd 0cch             ;写命令:跳过 ROM
        wrtcmd 0beh             ;写命令:读数据
        readt rdata             ;读低字节保存
        readt rdata + 1         ;读高字节保存
;=============== 温度值转换 ===============
        mov   sign, 0
        mov   al, rdata         ;采样值→ax
        mov   ah, rdata + 1
        test ax, 0f800h         ;温度是否为负值?
        jz    nosign
        mov   sign, 40h         ;显示负号(负号的 7 段码 = 40h)
        neg   ax                ;数值求补,得到真值
nosign:
        mov   cl, 4             ;温度值转换成十进制数
        ror   ax, cl           ;整数在 al,小数在 ah 的高 4 位
        mov   bl, ah            ;小数暂存到 bl
        xor   ah, ah
```

```
        thres                        ;温度超限处理
    ; == 转换整数部分 ====
        mov   cl, 10
        div   cl
        mov   [si + 2],ah
        xor   ah, ah
        div   cl
        mov   [si + 1],ah
        mov   [si + 0],al
    ; == 转换小数部分 ====
        shl   bl, 1                  ;$2^{-1}$位 = 1?
        jnc   n1
        add   byte ptr[si + 3],5     ;小数 + 0.5(没有进位)
n1:     shl   bl, 1                  ;$2^{-2}$位 = 1?
        jnc   n2
        add   byte ptr[si + 4],5     ;小数 + 0.25(没有进位)
        add   byte ptr[si + 3],2
n2:     shl   bl, 1                  ;$2^{-3}$位 = 1?
        jnc   n3
        add   byte ptr[si + 5],5     ;小数 + 0.125(没有进位)
        add   byte ptr[si + 4],2
        add   byte ptr[si + 3],1
n3:     shl   bl, 1                  ;$2^{-4}$位 = 1?
        jnc   n4
        add   byte ptr[si + 6],5     ;小数 + 0.0625
        add   byte ptr[si + 5],2
        addc  byte ptr[si + 4],6     ;十分位和百分位需考虑进位
        addc  byte ptr[si + 3],0
; ============== 显示温度值(本程序未显示小数) ============
N4.     mov cx, 2000                 ;显示/采样比(2000:1)
mon:    clear                        ;显示符号位
        mov al, sign
        disp no_dot,loc1
        clear                        ;显示百位
```

```
        bin2seg7 [si + 0]
        disp no_dot,loc2
        clear                      ;显示十位
        bin2seg7 [si + 1]
        disp no_dot,loc3
        clear                      ;显示个位
        bin2seg7 [si + 2]
        disp with_dot,loc4
        loop mon
        jmp forever
;================================================
;复位时序:连接总线并拉低→延时 720us→释放总线→延时 60us→读状态→
  延时 480us
;================================================
init:   DQ_low
        delay 84            ;(720 − 5.5)/8.5 = 84
        DQ_hi
        delay 6             ;(60 − 5.5)/8.5 = 6
        mov dx,I8255_c
        in  al, dx          ;从 C 口第 0 位读入 DS18B20 状态
        and al, 1           ;bit0 = 0 表示 DS18B20 存在,否则不存在
        mov stat, al
        delay 56            ;(480 − 5.5)/8.5 = 56
        ret
;================================================
;写字节步骤:释放总线→延时 2us→循环 8 次:输出字节最低位→字节右移
  1 位
;写一位时序:连接总线并拉低→延时 10us→写 0/1
;写 0:       延时 60us→释放总线
;写 1:       释放总线→延时 60us
;================================================
write_cmd:                  ;要写的字节在 BL 寄存器中
        DQ_hi
        mov  cx, 8
```

```
wloop:   DQ_low
         delay10us
         test bl, 1          ;从最低位开始输出
         jnz  write1
write0:  delay 6             ;写 0,延迟(60 - 5.5)/8.5 = 6
         DQ_hi
         jmp  wloop1
write1:  DQ_hi               ;写 1
         delay 6             ;(60 - 5.5)/8.5 = 6
wloop1:  shr  bl, 1
         loop wloop
         ret
```

; ==

;读字节步骤:释放总线→延时 2us→循环 8 次,每次读一位移入寄存器
;读一位时序:连接总线并拉低→延时 2us→释放总线→延时 10us→读入→延时 60us

; ==

```
read_tmp:
         mov  bl, 0          ;读入的字节放在 BL 寄存器
         DQ_hi
         mov  cx, 8
rloop:   DQ_low
         nop
         DQ_hi
         delay10us
         mov  dx, I8255_c
         in   al, dx         ;读入 DS18B20 状态
         and  al, 1          ;保留最低位
         rcr  al, 1          ;移到 CF 中
         rcr  bl, 1          ;再从 CF 中移到 BL 中
         delay 6             ;(60 - 5.5)/8.5 = 6
         loop rloop
         ret
```

; ==

```
.data
    seg7    db 3fh,06h,5bh,4fh,66h,6dh,7dh,07h,7fh,6fh,77h,7ch,39h,
            5eh,79h,71h
    rdata db 91h,01h        ;读入的温度值(25 度)
    tdata db 7 dup(0)       ;十进制温度值(xxx.xxxx),此程序未显示小数位
    sign    db 40h          ;温度正负号的 7 段码(正号为 0,负号为 40h)
    stat    db 0            ;DS18B20 正常否?
    istat db 1              ;当前指示灯状态
end
;================================================
```

输入完后,将源程序保存为 lab8.asm。

(3)设置仿真环境,8086 的时钟频率设置为 3MHz,其余同 3.2.3 节。

(4)按 3.1.3 节中介绍的方法添加源程序并进行编译。

(5)仿真运行,点击温度传感器上的温度调节钮,观察数码管和指示灯的显示。

7. 实验习题

(1)(选做)修改电路和程序,增加对温度上下限进行设置并显示的功能。

(2)(选做)修改电路和程序,用 8253 硬件延时代替程序中的软件延时。

8. 实验报告要求

(1)将绘制的实验电路原理图的屏幕截图粘贴到实验报告中;

(2)将仿真运行的屏幕截图粘贴到实验报告中;

(3)给出实验源程序和流程图;给出实验习题的电路原理图、源程序和仿真运行截图;

(4)在实验中碰到的主要问题是什么?你是如何解决的?

(5)实验小结、体会和收获。

附录:TD.EXE 简要使用说明

TD.EXE(简称 TD)是一个具有窗口界面的程序调试器。程序员能够使用它来调试已有的可执行程序(后缀为 EXE);也可以在 TD 中直接输入程序指令来编写简单的程序(在这种情况下,每输入一条指令,TD 就立即将输入的指令汇编成机器指令代码)。作为入门指导,下面简单介绍 TD 的使用方法,更详细深入的使用说明请参考相关资料。

1.如何启动 TD

(1)在 DOS 窗口中启动 TD

①仅启动 TD 而不载入要调试的程序。转到 TD.EXE 所在目录(假定为 C:\ASM),在 DOS 提示符下键入以下命令(用户只需输入带下划线的部分,↙表示回车键,下同):

C:\ASM>TD ↙

用这种方法启动 TD,TD 会显示一个版权对话框,这时按回车键即可关掉该对话框。

②启动 TD 并同时载入要调试的程序。转到 TD.EXE 所在目录,在 DOS 提示符下键入以下命令(假定要调试的程序名为 HELLO.EXE):

C:\ASM>TD HELLO.EXE ↙

若建立可执行文件时未生成符号名表,TD 启动后会显示"Program has no symbol table"的提示窗口,这时按回车键即可关掉该窗口。

(2)在 Windows 中启动 TD

①仅启动 TD 而不载入要调试的程序。双击 TD.EXE 文件名,Windows 就会打开一个 DOS 窗口并启动 TD。启动 TD 后会显示一个版权对话框,这时按回车键即可关掉该对话框。

②启动 TD 并同时载入要调试的程序。把要调试的可执行文件拖到 TD.EXE 文件名上,Windows 就会打开一个 DOS 窗口并启动 TD,然后 TD 会把该可执行文件自动载入内存供用户调试。若建立可执行文件时未生成符号名表,TD 启动后会显示"Program has no symbol table"的提示窗口,这时按回车键即可关掉该窗口。

2.TD 中的数制

TD 支持各种进位记数制,但通常情况下屏幕上显示的机器指令码、内存地址及内容、寄存器的内容等均按十六进制显示（数值后省略"H"）。在 TD 的很多操作中，需要用户输入一些数据、地址等，在输入时应遵循计算机中数的记数制标识规范：

十进制数后面加"D"或"d"，如 119d、85d 等；

八进制数后面加"O"或"o"，如 134o、77o 等；

二进制数后面加"B"或"b"，如 10010001b 等；

十六进制数后面加"H"或"h"，如 38h、0a5h、0ffh 等。

如果在输入的数后面没有用记数制标识字母来标识其记数制，TD 默认该数为十六进制数。但应注意，如果十六进制数的第一个数字为"a"～"f"，则前面应加 0，以区别于符号和名字。

TD 允许在常数前面加上正负号。例如，十进制数的−12 可以输入为−12d，十六进制数的−5a 可以输入为−5ah，TD 自动会把输入的带正负号的数转换为十六进制补码数。只有一个例外，当数据区的显示格式为字节，若要修改存储单元的内容则不允许用带有正负号的数，而只能按手工转换成补码后再输入。

本实验指导书中所有的实验在输入程序或数据时，若没有特别说明，都可按十六进制数进行输入，若程序中需要输入负数，可按上述规则进行输入。

3. TD 的用户界面

(1)CPU 窗口

TD 启动后呈现的是一个具有窗口形式的用户界面，见图 A−1，它称为 CPU 窗口。CPU 窗口显示了 CPU 和内存的整个状态。利用 CPU 窗口可以：

①在代码区内使用嵌入汇编，输入指令或对程序进行临时性修改。

②存取数据区中任何数据结构下的字节，并以多种格式显示或改变它们。

③检查和改变寄存器（包括标志寄存器）的内容。

CPU 窗口分为五个区域：代码区、寄存器区、标志区、数据区和堆栈区。

在五个区域中，光标所在区域称为当前区域，用户可以使用 Tab 键或Shift-Tab 键切换当前区域，也可以在相应区中单击鼠标左键选中某区为当前区。光标在各个区域中显示形式稍有不同，在代码区、寄存器区、标志区和堆栈区呈现为一个反白条，在存储器区为下划线形状。

在图 A−1 中，CPU 窗口上边框的左边显示的是处理器的类型（8086、80286、80386、80486 等，对于 80486 以上的 CPU 均显示为 80486）。上边框的中间靠右处显示了当前指令所访问的内存单元的地址及内容。再往右的"1"表示此 CPU 窗口是第一个 CPU 窗口，TD 允许同时打开多个 CPU 窗口。

CPU 窗口中的代码区用于显示指令地址、指令的机器代码以及相应的汇编指令；寄存器区用于显示 CPU 寄存器当前的内容；标志区用于显示 CPU 的 8 个标志

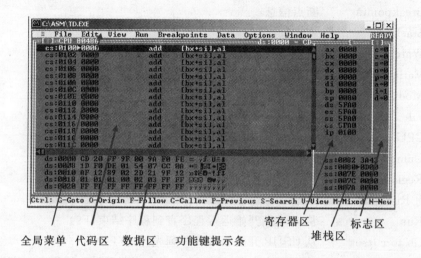

全局菜单　代码区　数据区　功能键提示条　　寄存器区　堆栈区　标志区

图 A-1　TD 的 CPU 窗口界面

位当前的状态;数据区用于显示用户指定的一块内存区的数据(十六进制);堆栈区用于显示堆栈当前的内容。

在代码区和堆栈区分别显示有一个特殊标志(▶),称为箭标。代码区中的箭标指示出当前程序指令的位置(CS:IP),堆栈区中的箭标指示出当前堆栈指针位置(SS:SP)。

(2)全局菜单

CPU 窗口的上面为 TD 的全局菜单条,可用"ALT 键+菜单项首字符"打开菜单项对应的下拉子菜单。在子菜单中用"↑"、"↓"键选择所需的功能,按回车键即可执行选择的功能。为简化操作,某些常用的子菜单项后标出了对应的快捷键。下面简单介绍一下常用的菜单命令,详细的说明请查阅相关资料。

①File 菜单——文件操作。

Open　　　　　　载入可执行程序文件准备调试

Change dir　　　改变当前目录

Get info　　　　 显示被调试程序的信息

DOS shell　　　 执行 DOS 命令解释器(用 EXIT 命令退回到 TD)

Quit　　　　　　退出 TD(Alt-X)

②Edit 菜单——文本编辑。

Copy　　　　　　复制当前光标所在内存单元的内容到粘贴板(Shift-F3)

Paste　　　　　　把粘贴板的内容粘贴到当前光标所在内存单元(Shift-F4)

③View 菜单——打开一个信息查看窗口。

Breakpoints	断点信息
Stack	堆栈段内容
Watches	被监视对象信息
Variables	变量信息
Module	模块信息
File	文件内容
CPU	打开一个新的 CPU 窗口
Dump	数据段内容
Registers	寄存器内容

④Run 菜单——执行。

Run	从 CS:IP 开始运行程序直到程序结束(F9)
Go to cursor	从 CS:IP 开始运行程序到光标处(F4)
Trace into	单步跟踪执行(对 CALL 指令将跟踪进入子程序)(F7)
Step over	单步跟踪执行(对 CALL 指令将执行完子程序才停下)(F8)
Execute to	执行到指定位置(Alt－F9)
Until return	执行当前子程序直到退出(Alt－F8)

⑤Breakpoints 菜单——断点功能。

Toggle	在当前光标处设置/清除断点(F2)
At	在指定地址处设置断点(Alt－F2)
Delete all	清除所有断点

⑥Data 菜单——数据查看。

Inspector	打开观察器以查看指定的变量或表达式
Evaluate/Modify	计算和显示表达式的值
Add watch	增加一个新的表达式到观察器窗口

⑦Option 菜单——杂项。

Display options	设置屏幕显示的外观
Path for source	指定源文件查找目录
Save options	保存当前选项

⑧Window 菜单——窗口操作。

Zoom	放大/还原当前窗口(F5)
Next	转到下一窗口(F6)
Next Pane	转到当前窗口的下一区域(Tab)
Size/Move	改变窗口大小/移动窗口(Ctrl－F5)
Close	关闭当前窗口(Alt－F3)

User screen   查看用户程序的显示(Alt－F5)

(3)功能键提示条

菜单中的很多命令都可以使用功能键来简化操作。功能键分为三组:F1～F10功能键,Alt－F1～Alt－F10功能键以及Ctrl功能键(Ctrl功能键实际上就是代码区的快捷菜单)。CPU窗口下面的提示条中显示了这三组功能键对应的功能。通常情况下提示条中显示的是F1～F10功能键的功能。按住Alt不放,提示条中将显示Alt－F1～Alt－F10功能键的功能。按住Ctrl不放,提示条中将显示各Ctrl功能键的功能。表A－1列出了各功能键对应的功能。

表A－1 TD中的快捷键

功能键	功能	功能键	功能	功能键	功能
F1	帮助	Alt－F1	帮助	Ctrl-G	定位到指定地址
F2	设/清断点	Alt－F2	设置断点	Ctrl-O	定位到 CS:IP
F3	查看模块	Alt－F3	关闭窗口	Ctrl-F	定位到指令目的地址
F4	运行到光标	Alt－F4	Undo 跟踪	Ctrl-C	定位到调用者
F5	放大窗口	Alt－F5	用户屏幕	Ctrl-P	定位到前一个地址
F6	下一窗口	Alt－F6	Undo 关窗	Ctrl-S	查找指定的指令
F7	跟踪进入	Alt－F7	指令跟踪	Ctrl-V	查看源代码
F8	单步跟踪	Alt－F8	跟踪到返回	Ctrl-M	选择代码显示方式
F9	执行程序	Alt－F9	执行到某处	Ctrl-N	更新 CS:IP
F10	激活菜单	Alt－F10	快捷菜单		

(4)快捷菜单

TD的CPU窗口中,每个区域都有一个快捷菜单,快捷菜单提供了对本区域进行操作的各个命令。在当前区域中按Alt－F10键即可激活本区域的快捷菜单。代码区、数据区、堆栈区和寄存器区的快捷菜单见图A－2～图A－5所示。标志区的快捷菜单非常简单,故没有再给出其图示。对快捷菜单中各个命令的解释将在下面几节中分别进行说明。

4.代码区的操作

代码区用来显示代码(程序)的地址、代码的机器指令和代码的反汇编指令。本区中显示的反汇编指令依赖于所指定的程序起始地址。TD自动反汇编代码区的机器代码并显示对应的汇编指令。

图 A-2　代码区的快捷菜单

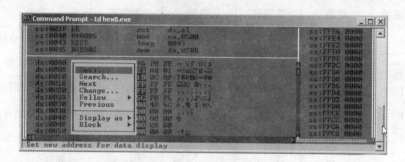

图 A-3　数据区的快捷菜单

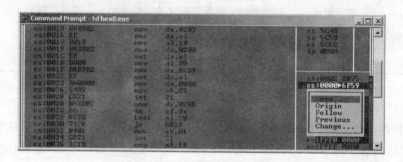

图 A-4　堆栈区的快捷菜单

　　每条反汇编指令的最左端是其地址,如果段地址与 CS 段寄存器的内容相同,则只显示字母"CS"和偏移量(CS:YYYY),否则显示完整的十六进制的段地址和偏移地址(XXXX:YYYY)。地址与反汇编指令之间显示的是指令的机器码。如果代码区当前光标所在指令引用了一个内存单元地址,则该内存单元地址和内存单元的当前内容显示在 CPU 窗口顶部边框的右部,这样不仅可以看到指令操作

图 A-5　寄存器区的快捷菜单

码,还可看到指令要访问的内存单元的内容。

(1)输入并汇编一条指令

有时我们需要在代码区临时输入一些指令。TD 提供了即时汇编功能,允许用户在 TD 中直接输入指令(但直接输入的指令都是临时性的,不能保存到磁盘上)。直接输入指令的步骤如下:

①使用方向键把光标移到期望的地址处。

②打开指令编辑窗口。有两种方法:一是直接输入汇编指令,在输入汇编指令的同时屏幕上就会自动弹出指令的临时编辑窗口。二是激活代码区快捷菜单(见下一小节),选择其中的汇编命令,屏幕上也会自动弹出指令的临时编辑窗口。

③在临时编辑窗口中输入/编辑指令,每输入完一条指令,按回车,输入的指令即可出现在光标处,同时光标自动下移一行,以便输入下一条指令。注意:临时编辑窗口中曾经输入过的指令均可重复使用,只要在临时编辑窗口中用方向键把光标定位到所需的指令处,按回车即可。如果临时编辑窗口中没有完全相同的指令,但只要有相似的指令,就可对其进行编辑后重复使用。

(2)代码区快捷菜单

当代码区为当前区域时(若代码区不是当前区域,可连续按 Tab 或 Shift-Tab 键使代码区成为当前区域),按 Alt-F10 组合键即可激活代码区快捷菜单,代码区快捷菜单的外观见图 A-2。下面介绍一下各菜单项的功能。

Goto(转到指定位置)

此命令可在代码区显示任意指定地址开始的指令序列。用户可以键入当前被调试程序以外的地址以检查 ROM、BIOS、DOS 及其他驻留程序。此命令要求用户提供要显示的代码起始地址。使用 Previous 命令可以恢复到本命令使用前的代码区位置。

Origin(回到起始位置)

从 CS:IP 指向的程序位置开始显示。在移动光标使屏幕滚动后想返回起始位置时可使用此命令。使用 Previous 命令可恢复到本命令使用前的代码区位置。

Follow(追踪指令转移位置)

从当前指令所要转向的目的地址处开始显示。使用本命令后,整个代码区从新地址处开始显示。对于条件转移指令(JE、JNZ、LOOP、JCXZ 等),无论条件满足与否,都能追踪到其目的地址。也可以对 CALL、JMP 及 INT 指令进行追踪。使用 Previous 命令可恢复到本命令使用前的代码区位置。

Caller(转到调用者)

从调用当前子程序的 CALL 指令处开始显示。本命令用于找出当前显示的子程序在何处被调用。使用 Previous 命令可恢复到本命令使用前的代码区位置。

Previous(返回到前一次显示位置)

如果上一条命令改变了显示地址,本命令能恢复上一条命令被使用前的显示地址。注意:光标键、PgUp、PgDn 不会改变显示地址。若重复使用本命令,则在当前显示地址和前一次显示地址之间切换。

Search(搜索)

本命令用于搜索指令或字节列表。注意:本命令只能搜索那些不改变内存内容的指令,如:

PUSH DX

POP　[DI+4]

ADD　　AX,100

若搜索以下指令可能会产生意想不到的结果:

JE　　123

CALL MYFUNC

LOOP 100

View Source(查看源代码)

本命令打开源模块窗口,显示与当前反汇编指令相应的源代码。如果代码区的指令序列没有源程序代码,则本命令不起作用。

Mixed(混合)

本命令用于选择指令与代码的显示方式,有三个选择:

No　只显示反汇编指令,不显示源代码行。

Yes　如当前模块为高级语言源模块,应使用此选择。源代码行被显示在第一条反汇编指令之前。

Both　如当前模块为汇编语言源模块,应使用此选择。在有源代码行的地方就显示该源代码行,否则显示汇编指令。

New CS:IP(设置 CS:IP 为当前指令行的地址)

本命令把 CS:IP 设置为当前指令所在的地址,以便使程序从当前指令处开始执行。用这种方法可以执行任意一段指令序列,或者跳过那些不希望执行的程序段。注意:不要使用本命令把 CS:IP 设置为当前子程序以外的地址,否则有可能引起整个程序崩溃。

Assemble(即时汇编)

本命令可即时汇编一条指令,以代替当前行的那条指令。注意:若新汇编的指令与当前行的指令长度不同,其后面机器代码的反汇编显示会发生变化。

也可以直接在当前行处输入一条汇编指令来激活此命令。

I/O(输入/输出)

本命令用于对 I/O 端口进行读写。选择此命令后,会再弹出下一级子菜单,如图 A-6 所示。子菜单中的命令解释如下:

In byte(输入字节):从 I/O 端口输入一个字节。用户需提供端口地址。

Out byte(输出字节):往 I/O 端口输出一个字节。用户需提供端口地址。

Read word(输入字):从 I/O 端口输入一个字。用户需提供端口地址。

Write word(输出字):往 I/O 端口输出一个字。用户需提供端口地址。

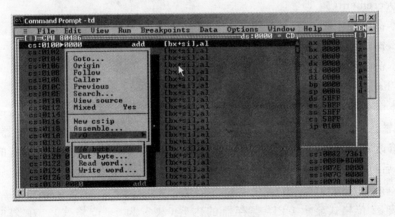

图 A-6　输入/输出子菜单

5.寄存器区和标志区的操作

寄存器区显示了 CPU 各寄存器的当前内容。标志区显示了八个 CPU 标志位的当前状态,表 A-2 列出了各标志位在该区的缩写字母。

表 A - 2　标志区字母的含义

标志区字母	标志位名称
c	进位（Carry）
z	全零（Zero）
s	符号（Sign）
o	溢出（Overflow）
p	奇偶（Parity）
a	辅助进位（Auxiliary carry）
i	中断允许（Interrupt enable）
d	方向（Direction）

（1）寄存器区快捷菜单

当寄存器区为当前区域时（若寄存器区不是当前区域，可连续按 Tab 或 Shift-Tab 键使寄存器区成为当前区域），按 Alt－F10 组合键即可激活寄存器区快捷菜单，寄存器区快捷菜单的外观见图 A－5。下面介绍一下各菜单项的功能。

Increment（加 1）

本命令用于把当前寄存器的内容加 1。

Decrement（减 1）

本命令用于把当前寄存器的内容减 1。

Zero（清零）

本命令用于把当前寄存器的内容清零。

Change（修改）

本命令用于修改当前寄存器的内容。选择此命令后，屏幕上会弹出一个输入框，在输入框中键入新的值，然后回车，这个新的值就会取代原来该寄存器的内容。

修改寄存器的内容还有一个更简单的变通方法，即把光标移到所需的寄存器上，然后直接键入新的值。

Register 32-bit（32 位寄存器）

按 32 位格式显示 CPU 寄存器的内容（缺省为 16 位格式）。在 286 以下的 CPU 或实方式时只需使用 16 位显示格式即可。

（2）修改标志位的内容

用快捷菜单的命令修改标志位的内容比较繁琐。实际上只要把光标定位到要修改的标志位上按回车键或空格键即可使标志位的值在 0、1 之间变化。

6．数据区的操作

数据区显示了从指定地址开始的内存单元的内容。每行左边按十六进制显示段地址和偏移地址(XXXX：YYYY)。若段地址与当前 DS 寄存器内容相同,则显示"DS"和偏移量(DS：YYYY)。地址的右边根据"Display as"快捷菜单命令所设置的格式显示一个或多个数据项。对字节(Byte)格式,每行显示 8 个字节;对字格式(Word),每行显示 4 个字;对浮点格式(Comp、Float、Real、Double、Extended),每行显示 1 个浮点数;对长字格式(Long),每行显示 2 个长字。

当以字节方式显示数据时,每行的最右边显示相应的 ASCII 字符,TD 能显示所有字节值所对应的 ASCII 字符。

(1)显示/修改数据区的内容

在默认的情况下,TD 在数据区显示从当前指令所访问的内存地址开始的存储区域内容。但用户也可用快捷菜单中的"Goto"命令显示任意指定地址开始的内存区域的内容。TD 还提供了让用户修改存储单元内容的功能,用户可以很方便地把任意一个内存单元的内容修改成所期望的值。但要注意,若修改了系统使用的内存区域,将会产生不可预料的结果,甚至会导致系统崩溃。修改内存单元内容的步骤如下:

①使用快捷菜单中的"Goto"命令并结合使用方向键把光标移到期望的地址单元处(注意数据区的光标是一个下划线)。

②打开数据编辑窗口。有两种方法:一是直接输入数据,在输入数据的同时屏幕上就会自动弹出数据编辑窗口。二是激活数据区快捷菜单(见下一小节),选择其中的"Change"命令,屏幕上也会弹出数据编辑窗口。

③在数据编辑窗口中输入所需的数据,输入完后,按回车,输入的数据就会替代光标处的原始数据。注意:数据编辑窗口中曾经输入过的数据均可重复使用,只要在数据编辑窗口中用方向键把光标定位到所需的数据处,按回车即可。

(2)数据区快捷菜单

当数据区为当前区域时(若数据区不是当前区域,可连续按 Tab 或 Shift-Tab 键使数据区成为当前区域),按 Alt－F10 组合键即可激活数据区快捷菜单,数据区快捷菜单的外观见图 A－3,下面给出各菜单项的功能描述。

Goto(转到指定位置)

此命令可把任意指定地址开始的存储区域的内容显示在 CPU 窗口的数据区中。除了可以显示用户程序的数据区外,还可以显示 BIOS 区、DOS 区、驻留程序区或用户程序外的任一地址区域。此命令要求用户提供要显示的起始地址。

Search(搜索)

此命令允许用户从光标所指的内存地址开始搜索一个特定的字节串。用户必须输入一个要搜索的字节列表。搜索从低地址向高地址进行。

Next(下一个)

搜索下一个匹配的字节串(由 Search 命令指定的)。

Change(修改)

本命令用于修改当前光标处的存储单元的内容。选择此命令后,屏幕上会弹出一个输入框,在输入框中键入新的值,然后回车,这个新的值就会取代原来该单元的内容。

修改存储单元的内容还有一个更简单的方法,即把光标移到所要求的存储单元位置上,然后直接键入新的值。

Follow(遍历)

本命令可以根据存储单元的内容转到相应地址处并显示其内容(即把当前存储单元的内容当作一个内存地址看待)。此命令有下一级子菜单,如图 A - 7 所示。

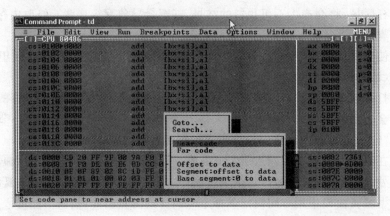

图 A-7　遍历子菜单

子菜单中的命令解释如下:

Near code(代码区近跳转)

本子菜单命令将数据区中光标所指的一个字作为当前代码段的新的偏移量,使代码区定位到新地址处并显示新内容。

Far code(代码区远跳转)

本子菜单命令将数据区中光标所指的一个双字作为新地址(段值和偏移量),使代码区定位到新地址处并显示新内容。

Offset to data(数据区近跳转)

本子菜单命令将光标所指的一个字作为数据区的新的偏移量,使数据区定位到以该字为偏移量的新地址处并显示。

Segment:Offset to data(数据区远跳转)

本子菜单命令将光标所指的一个双字作为数据区的新的起始地址,使数据区定位到以该双字为起始地址的位置并显示。

Base segment:0 to data(数据区新段)

本子菜单命令将光标所指的一个字作为数据段的新段值,使数据区定位到以该字段为址,以 0 为偏移量的位置并显示。

Previous(返回到前一次显示位置)

即把数据区恢复到上一条命令使用前的地址处显示。上一条命令如果确实修改了显示地址(如 Goto 命令),本命令才有效。注意:而光标键、PgUp、PgDn 键并不能修改显示起始地址。

TD 在堆栈中保存了最近用过的五个显示起始地址,所以多次使用了 Follow 命令或 Goto 命令后,本命令仍能让用户返回到最初的显示起始位置。

Display as(显示方式)

本命令用于选择数据区的数据显示格式。共有 8 种格式:

Byte　　　按字节(十六进制)进行显示。

Word　　　按字(十六进制)进行显示。

Long　　　按长整型数(十六进制)进行显示。

Comp　　　按 8 字节整数(十进制)进行显示。

Float　　　按短浮点数(科学计数法)进行显示。

Real　　　按 6 字节浮点数(科学计数法)进行显示。

Double　　按 8 字节浮点数(科学计数法)进行显示。

Extended　按 10 字节浮点数(科学计数法)进行显示。

Block(块操作)

本命令用于进行内存块的操作,包括移动、清除和设置内存块初值、从磁盘中读内容到内存块或写内存块内容到磁盘中。本命令有下一级子菜单,如图 A-8 所示。

子菜单中的命令解释如下:

Clear(块清零)

把整个内存块的内容全部清零,要求输入块的起始地址和块的字节数。

Move(块移动)

把一个内存块的内容复制到另一个内存块。要求输入源块起始地址、目标块起始地址和源块的字节数。

Set(块初始化)

把整个内存块内容设置为指定的同一个值。要求输入起始地址、块的字节数

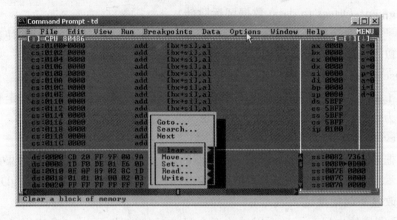

图 A-8　内存块操作子菜单

和所要设置的值。

读取(Read)

读文件内容到内存块中。要求输入文件名、内存块起始地址和要读的字节数。

写入(Write)

写内存块内容到文件中。要求输入文件名、内存块起始地址和要写的字节数。

7. 堆栈区的操作

当堆栈区为当前区域时(若堆栈区不是当前区域,可连续按 Tab 或 Shift-Tab 键使堆栈区成为当前区域),按 Alt-F10 组合键即可激活堆栈区快捷菜单,堆栈区快捷菜单的外观见图 A-4。堆栈区快捷菜单中各菜单项的功能与数据区快捷菜单的同名功能完全一样,只是其操作对象为堆栈区,故此不再赘述。

8. TD 使用入门的 10 个 How to

(1)如何载入被调试程序

①方法 1:转到 TD. EXE 所在目录,在 DOS 提示符下键入以下命令:

C:\ASM>TD↙

进入 TD 后,按 Alt-F 键打开 File 菜单,选择 Open,在文件对话框中输入要调试的程序名,按回车。

②方法 2:转到 TD. EXE 所在目录,在 DOS 提示符下键入以下命令(假定要调试的程序名为 HELLO. EXE):

C:\ASM>TD　HELLO. EXE↙

③方法 3:在 Windows 操作系统中,打开 TD. EXE 所在目录,把要调试的程序图标拖放到 TD 的图标上。

（2）如何输入（修改）汇编指令

①用 Tab 键选择代码区为当前区域。

②用方向键把光标移到期望的地址处，如果是输入一个新的程序段，建议把光标移到 CS:0100H 处；

③打开指令编辑窗口，有两种方法：

1）在光标处直接键入汇编指令，在输入汇编指令的同时屏幕上就会自动弹出指令的临时编辑窗口。

2）用 Alt－F10 键激活代码区快捷菜单，选择其中的汇编命令，屏幕上也会自动弹出指令的临时编辑窗口。

④在临时编辑窗口中输入／编辑指令，每输入完一条指令，按回车，输入的指令即可出现在光标处（替换掉原来的指令），同时光标自动下移一行，以便输入下一条指令。

（3）如何查看／修改数据段的数据

①用 Tab 键选择数据区为当前区域。

②使用快捷菜单中的"Goto"命令并结合使用方向键把光标移到期望的地址单元处（注意数据区的光标是一个下划线），数据区就从该地址处显示内存单元的内容。

③若要修改该地址处的内容，则需打开数据编辑窗口。有两种方法：

1）在光标处直接键输入数据，在输入数据的同时屏幕上就会自动弹出数据编辑窗口。

2）用 Alt－F10 键激活数据区快捷菜单，选择其中的"Change"命令，屏幕上也会弹出数据编辑窗口。

④在数据编辑窗口中输入所需的数据，输入完后，按回车，输入的数据就会替代光标处的原始数据。

（4）如何修改寄存器内容

①用 Tab 键选择寄存器区为当前区域；

②用方向键把光标移到要修改的寄存器上；

③打开编辑输入窗口。有两种方法：

1）在光标处直接键入所需的值，在键入的同时屏幕上就会自动弹出编辑输入窗口。

2）用 Alt F10 键激活寄存器区快捷菜单，选择其中的"Change"命令，屏幕上也会弹出编辑输入窗口。

④在编辑输入框中键入所需的值，然后回车，这个新的值就会取代原来该寄存器的内容。

（5）如何修改标志位内容

①用 Tab 键选择标志区为当前区域；

②用方向键把光标移到要修改的标志位上；

③按回车键或空格键即可使标志位的值在 0、1 之间变化。

（6）如何指定程序的起始执行地址

方法一：

①用 Tab 键选择代码区为当前区域；

②用 Alt-F10 键激活代码区快捷菜单，选择快捷菜单中的"New CS:IP"命令。

方法二：

①用 Tab 键选择寄存器区为当前区域；

②用方向键把光标移到 CS 寄存器上，输入程序起始地址的段地址。

③用方向键把光标移到 IP 寄存器上，输入程序起始地址的偏移量。

（7）如何单步跟踪程序的执行

①用上述（6）中的方法首先指定程序的起始执行地址；

②按 F7 或 F8 键，每次将只执行一条指令。

注意：若当前执行的指令是 CALL 指令，则 F7 将跟踪进入被调用的子程序，而 F8 则把 CALL 指令及其调用的子程序当作一条完整的指令，要执行完子程序才停在 CALL 指令的下一条指令上。

（8）如何只执行程序的某一部分指令

方法一：用设置断点的方法。

①用上述第 6 条中的方法首先指定程序的起始执行地址；

②用方向键把光标移到要执行的程序段的最后一条指令的下一条指令上（注意：不能移到最后一条指令上，否则最后一条指令将不会被执行），按 F2 设置断点。也可按 Alt-F2 键，然后在弹出的输入窗口中输入断点地址。

③按 F9 键执行，程序将会停在所设置的断点处。

方法二：用"运行程序到光标处"的方法。

①用上述第 6 条中的方法首先指定程序的起始执行地址；

②用方向键把光标移到要执行的程序段的最后一条指令的下一条指令上（注意：不能移到最后一条指令上，否则最后一条指令将不会被执行）。

③按 F4 键执行程序，程序将会执行到光标处停下。

方法三：用"执行到指定位置"的方法。

①用上述第 6 条中的方法首先指定程序的起始执行地址；

②按 Alt-F9，在弹出的输入窗口中输入要停止的地址（即要停在哪条指令

上,就输入哪条指令的地址),按回车,程序将会执行到指定位置处停下。

(9)如何查看被调试程序的显示输出

按 Alt – F5 键。

(10)如何在 Windows2000 中把 TD 的窗口设置的大一些

按 Alt – O 键,在下拉菜单中选择 Display options 项,在弹出的对话框中,用 Tab 键选 Screen lines 选项,用←、→键选中"43/50",按回车。然后按 F5 键,使 CPU 窗口充满 TD 窗口。

参考文献

[1] 吴宁,陈文革. 微型计算机原理与接口技术题解及实验指导(第3版). 北京:清华大学出版社,2011.

[2] 西安唐都科教仪器公司. 32位微机原理与接口技术实验教程. 2007.

[3] 西安唐都科教仪器公司. 32位微机原理与接口技术实验系统用户手册. 2007.

[4] 广州风标电子技术有限公司. Proteus Design Suit 7 使用指南. PDF 电子文档,2010.

[5] 广州风标电子技术有限公司. Proteus 8086 实验指导书. PDF 电子文档,2011.

[6] [美]Barry B. Brey 著. 金慧华等译. Intel 微处理器结构、编程与接口(第六版). 北京:电子工业出版社,2004.

[7] 宁飞,王维华,孔宇. 微型计算机原理与接口实践. 北京:清华大学出版社,2006.

[8] 胡建波. 微机原理与接口技术实验——基于 Proteus 仿真. 北京:机械工业出版社,2011.

[9] 顾晖,梁惺彦. 微机原理与接口技术——基于 8086 和 Proteus 仿真. 北京:电子工业出版社,2011.